吴艳茹 —— 著

生

看电影，读自己

放

映

人民邮电出版社

北 京

图书在版编目（CIP）数据

人生放映：看电影，读自己 / 吴艳茹著. -- 北京：
人民邮电出版社，2025. -- ISBN 978-7-115-68123-2

Ⅰ. B821-49

中国国家版本馆 CIP 数据核字第 2025T38H14 号

内 容 提 要

在尘世中，我们都是历劫而来，每个人的心上都刻着或深或浅的伤痕。也许，我们外在的人生经历有所不同，但我们内心的伤痛往往有着相通之处。看着银幕上放映的他人的悲欢，我们也在经历自己的悲欢。而在观看、理解这些悲欢的过程中，我们也在梳理自己的生命，朝向那光亮的所在，坚实地走着属于自己的人生之路。

本书通过四幕、十部电影、十二篇文章讲述了关于人生的众多重要议题。第一幕讲述了与人生发展阶段相关的议题，包括存在、自我意识、性别、亲密关系和爱；第二幕讲述了与心理成长相关的议题；第三幕讲述了心理咨询与治疗疗愈人心的过程；第四幕讲述了人生中最沉重也最不可避开的话题——死亡。

本书不仅适合专业人士借鉴，更适合对心理学、电影感兴趣的普通大众阅读。

◆ 著 吴艳茹
　　责任编辑 杨 楠
　　责任印制 彭志环

◆ 人民邮电出版社出版发行　　北京市丰台区成寿寺路 11 号
　　邮编 100164　　电子邮件 315@ptpress.com.cn
　　网址 https://www.ptpress.com.cn
　　三河市中晟雅豪印务有限公司印刷

◆ 开本：880×1230　1/32
　　印张：9.375　　　　　　　　　　2025 年 9 月第 1 版
　　字数：180 千字　　　　　　　　2025 年 10 月河北第 2 次印刷

定　价：69.00 元

读者服务热线：（010）81055656　印装质量热线：（010）81055316
反盗版热线：（010）81055315

本书赞誉

吴艳茹博士以心理学专家的视角，带领我们重温了这些耳熟能详的影片。我惊叹于她细腻而敏锐的感受力，这种感受力让她仿佛开启了观影的心灵之眼。

——郭文鹏

保利文化集团总经理

中国演出行业协会副会长

本书精选十部名片，以光影为镜，照见人间之爱恨情仇、悲欢离合，在"女人、情义与故乡"一篇，剖判情义伦理，于"人生的终章"一篇，叩问生死玄关。戏里戏外，无非性命修行之场，但见书中众人，霍华德之璀璨若流星陨空，程蝶衣之执念似孤鸿踏雪，光影斑驳。读者借他人故事以涤己灵台，方知天地革而四时成，爱恨交而浮世炽，银幕内外俱是穷变通久之途，观影读心亦是治历明时妙法。

——李孟潮

心理学博士　精神科医师

个人执业

电影如心理镜像，借角色与情节投射隐秘情感，而观影即疗愈之旅，在他人故事中照见自我。本书以精神分析视角拆解电影隐喻，为生命中精神困境的修通和疗愈提供光影样本，值得一读。

——仇剑崟

医学博士　主任医师　博士生导师

国家精神疾病医学中心（上海市精神卫生中心）心理治疗学院院长

中国心理卫生协会精神分析专业委员会主任委员

看电影，可以通过短暂体验别人的人生，来感受我们自己内心世界的哪些地方被触动了。而心理学家把看电影的体验写出来的过程，就是一个重新叙事的过程，形成了一个通过电影中的人物和故事、电影、观众建构起来的场域。本书作者的叙事风格和对专业的把握能力可以把我们带到任何一个我们想去的地方，这又是一次奇妙的旅程。

——张海音

中国心理卫生协会精神分析专业委员会顾问

上海市精神卫生中心主任医师

艳茹医生的这本书，以普通观众情感的朴实和细腻、临床心理学家理解的深刻和严谨、文学家文采的华丽和流畅为特色。本书既是启发大众理解人生的心理学通俗读物，也可作为心理治疗师和文艺工作者提升专业水平的理论参考。

——**张天布**

西安终南心理首席督导师

中国医师协会心身医学专委会副主任委员

（以上推荐人按姓氏拼音排序）

以影为舟，深入心海

艳茹博士在几个月前便寄来初稿。这是她这些年来写的与电影相关的文字，有的单篇我之前看过，更有数篇新作，如今成集付梓，值得庆贺。

电影无疑是当代社会受众最广、影响最深的艺术形式之一。一部电影的内容可以是纵贯十界、横跨三世的宏大叙事，也可以是一瞬晰见、念念分明的显微呈现。电影可以一人独品，更可以万人同观。曾经，全国人民同看不多的几部电影，几乎人人都可以记住全部台词、会唱所有的电影插曲。这些电影塑成我们共同的童年故事，抑或成为集体潜意识的一部分。

当今资讯异常发达，已经很难有一部电影可以让所有人前去电影院观之。不同年龄、不同群体的价值取向和审美品位更趋多样化，新媒体的出现也大大分流了传统观影人群。尽管如此，电影仍是老少咸宜的重要文化载体。正如本书所说"人生放映"：看他人，读自己。

艳茹博士的"读"，更多的是从一位资深的精神科医生和心理动力学治疗师的角度。其从专业视角剥茧抽丝的剖析，让我们走进更深的心理层面，更连贯地看清心理症结、情绪波动的起因和变化过程，更理解人心的深邃和无奈，更了解成长的内在规律，并看到已觉知的心灵可以自在、慈悲、从容地走过人生。

全书的核心主题是成长和归宿，其中不乏对生命深沉的思考和终极关怀。一如艳茹一直以来的诚挚和热烈，她的文字是恣意而深情的。不同于纯文艺的影评，本书的医学和心理学价值更值得关注；也不同于一般的科普读物，本书对优秀影片中人物的细腻探寻，让人仿佛身临其境，相遇如诗，相谈如知……

读者可能不完全同意艳茹博士的观点。但我相信读过本书，读者对人生的跌宕和人性的光辉的认知，对精神障碍患者的理解和同情，不会有异议。

一直以来，心理治疗学界有一共识：对自己内心了解的深度，决定了你可以理解他人的深度，也决定了你可以在多大程度上帮助他人。电影，是一个时代探寻人性广度和深度的刻度。

一部爆款电影，可以深深地影响地球上的一代甚至几代人。要成为优秀的电影、戏曲的编剧和导演，成长心理学和病理心理学应当是必修课。

本书可以作为引子……

肖泽萍

上海交通大学医学院精神医学教授　博士生导师

中国心理卫生学会精神分析专委会首任主任委员

推荐序二

光影中的心灵镜像

当我翻开这本《人生放映：看电影，读自己》时，我不禁为作者的深刻洞察与细腻笔触所打动。作者以电影为媒介，深入探讨了人生中的诸多重要议题：成长、爱情、婚姻、死亡、性别认同、原生家庭的影响等。本书不仅仅是一部电影评论集，它从心理学的角度出发，对一系列经典及具有代表性的电影作品进行深入剖析，如同一面镜子，映照出每个人内心深处的情感与困惑。每篇文章都像一场心灵的对话，带领读者在光影交错中，重新审视自己的生命历程。

正如本书在开篇所言："在红尘中，我们都是历劫而来，每个人的心上，都刻着或深或浅的伤痕。"电影中的角色，何尝不是自己的投射？人们在角色的故事中，看到了自己的影子，感受到了共鸣与慰藉。电影与戏剧一样，都是通过角色的行为与情感，揭示人性的复杂与多样。这种艺术形式不仅让我们在虚拟的世界中体验他人的生活，也为我们提供了一个反思自我、理解他人的窗口。

作者不仅是一位精神科医生和心理治疗师，更是一位敏锐的观察者与思考者。书中涉及的电影题材广泛，从传奇人物的璀璨人生到平凡人的烟火日常，从青春期的懵懂与叛逆到成年后的责任与担当，每部作品都承载着丰富的人性内涵。无论是《飞行家》中霍华德·休斯的璀璨与孤独，还是《霸王别姬》中程蝶衣的自恋与悲剧，抑或是《狗十三》中李玩的青春与挣扎，作者都以细腻的笔触，揭示了这些角色背后的心理动因，以及其中蕴含的深刻、复杂而又挣扎的人性。

当然，本书不仅仅是对电影的解读，更是对人生的思考。作者通过电影，探讨了生命的意义、成长的痛苦、爱情的本质及婚姻的困境。她的文字既有理性的分析，又不失感性的温暖，让人们在观影的同时，也能更好地理解自己的人生。这种独特的视角，使得本书不仅仅是一部学术著作，更是一部充满人文关怀的心灵指南。

电影是人生的缩影，而人生则是电影的延续。愿每位读者在阅读本书时，都能在光影中找到属于自己的心灵镜像，在电影中读懂自己的人生。

是为序。

李茜

中央戏剧学院教授　博士生导师

写于 2025 年春

推荐序三

银幕中的 O：精神分析与人生的影像对话

被搬上银幕的是什么？是胡塞尔（Husserl）的"生活世界"、海德格尔（Heidegger）的"此在"（Dasein）、拉康（Lacan）的"实在"……这些可以统归到比昂的"O"，它们被切成一帧帧亦动亦静的影像。然后，我们还意识到，编剧、导演、演员、观众，包括影评及影评作者等，都是"O"的一部分。搬上银幕的"搬"似乎在说"整体"，在这整体中，可以上手把握的有"意识到"、影评等。精神分析工作一直致力于"意识到"，不论是潜意识的意识化，还是意识的潜意识化。本书名为《人生放映》，有"人生"有"放映"，作者把自己在其中所意识到的，一一呈现给观众和读者看。亚里士多德（Aristotle）在《诗学》（*On the Art of Poetry*）中说："所谓复杂行为，指通过反转或发现，或者既通过反转又通过发现，而实现人物命运的改变。"他还专门写了"发现的种类"一章。观影、写影评也是发现之旅，作为资深的精神医学专家及精神分析师，作者吴艳茹女士在电影中所"意识到"的那些"发现"，自然也会给读者带来丰富的体验。

具体说来，作者"意识到"重复的情节、重要的反转，从交织的时空中捕捉到的表情、语言及行为的细节处，洞察人际间的张力、内在的核心冲突及其发展与转化。作者"意识到"精神分析的概念与理论在人物的命运中活了过来，实现了双向奔赴。作者还"意识到"自己在观影中悲伤与欢喜的情感，以及飘浮的遐思……

在《创造性作家与白日梦》（"Creative Writers and Day-Dreaming"）一文中，弗洛伊德（Freud）写道："世界上有那么一类人，他们信奉神，确切地说信奉一位严厉的女神（goddess）——必要性（necessity）——给他们指派了任务，让他们说出自己的痛苦与幸福。"注解中指出："这里指歌德（Goethe）的剧本《托夸多·塔索》（*Torquato Tasso*）最后一场中诗人主角吟诵的诗句'当人类在痛苦中沉默，神让我讲述我的苦痛'。"严格说来，并没有人真正沉默，所谓的沉默，只不过是用躯体、行为或心理症状表达苦痛，属于"行为艺术"。弗洛伊德强调的是"说出"、是"讲述"，这是必须完成的工作。所以，艺术需要评论，没有影评的电影是不完整的。

但是，创作和评论都是复杂的。法国天主教哲学家马利坦（Maritain）说，在创作行动的根源处，一定有某种奇异的心灵历程，我们在逻辑推理中找不到与其平行的历程，然而就是透过此历程，运用一种由经验而来的知识，我们才能同时领会事物和自我，而那种经验知识在概念中无法表示，只能显现在艺术家的作品中。他把这样的历程称为诗意的直觉。在诗意的直觉中，客观现实和主体性，世界和整个灵魂，乃是共存而不可分的。他说："在这种时刻，感觉和知觉被带回到心里，血液也回到精神，热情也回到直觉。"[①]马利坦的这句话，也描述了阅读本书时的感受，无疑，吴艳茹博士对影片的解读是兼具理性和诗意的再创作。

在本书中，吴艳茹博士展开了极其细密、深入且开放的对话。伽达默尔（Gadamer）说："文本之所以能构成一个文本，原因在于它是对某些问题的回答或是对某个问题的提出。而读者对文本的理解也必须是以提出和回答问题的形式。"[②]以伽达默尔的对话理论来看，电影是对某个或多个问题的回答，理解电影就是不断地追问其所提出的问题，同时把电影作品理解为对问题的一种回答。遵循着如此对话逻辑，我们打开并进入《人生放映》。

吴和鸣

写于上古实验传记研究所

---

① 梅莉恩·糜尔纳.正常人被镇压的疯狂：精神分析，四十四年的探索［M］.宋文里，译注.台北：聊经，2016.

② 黄其洪.艺术的背后：伽达默尔论艺术［M］.长春：吉林美术出版社，2007.

电影人生

电影的诞生和精神分析的诞生，差不多在同一时期。1895 年 12 月 28 日，卢米埃尔（Lumière）兄弟在法国巴黎咖啡馆地下室使用"活动电影机"公开放映《火车进站》（*The Arrival of a Train*）、《工厂大门》（*Exiting the Factory*）等短片。这场放映活动引发了观众对移动影像的震撼体验，这一天也被公认为世界电影的诞生日。而弗洛伊德与其老师布洛伊尔（Breuer）合著的《癔症研究》（*Studies on Hysteria*）于 1895 年出版，标志了精神分析理论的诞生。该书基于对癔症症状的临床观察，首次系统地提出"创伤理论"，认为癔症源于被压抑的心理创伤记忆。弗洛伊德在法国的留学经历，不由得让人产生一种联想：电影和精神分析是否为同一时代精神（Zeitgeist）的体现？

人自身变得重要，人站立于历史之中。人不光在银幕上看到自己的影子，也在分析室里讲述自己的故事，由此电影空间和分析空间诞生了。一开始的电影没有声音，观众通过动作来揣摩可能的声音；而分析空间没有画面，分析师通过语言来揣摩可能的画面。电影在创作时不可避免地考虑到观众，而躺椅上的被分析

者在讲述时则不可避免地考虑到分析师——二者都可被视为转移
（Übertragung）。所以从一开始，电影和精神分析就有着耐人寻味
的关系。

精神分析家伯特拉姆·卢因（Bertram Lewin）提出了一个叫
作"梦屏"（dream screen）的概念，意思是说，梦就像一台投影
仪，而梦屏是投射的对象，做梦者的情感、愿望和冲突会转变为
视觉形象投射于其上。说白了，梦就像一个私人电影院，做梦者
既是观众也是导演。私人电影经过复杂的剪辑，使得不方便被做
梦者直接看到的情节被"马赛克"，这显示了做梦者复杂的防御
机制。

由此可见，公开的电影可以被视为一群人的梦。在幽暗的电
影院，我们临时忘却自己的社会身份而进入一个交叉空间。我们
会像观看自己的梦一样，在观看电影时投入感情，乃至强烈的身
体觉受和泪水。当电影结束时，我们则从这场梦中醒来，回到各
自的生活中，也不免偶尔回味这场梦。所以，电影在某种程度
上是古希腊戏剧的延伸，发挥着亚里士多德所称的宣泄或净化
（catharsis）功能。电影可以服务于自我疗愈，也可以作为自我探
索的工具，如同梦一样。

所以，长久以来，用电影来讲精神分析是件很自然、很方
便的事情。百年来，电影里几乎出现了有关人类情结（complex）
的一切情节，精致且戏剧化地呈现了人类心理过程的各个方面，

无论是正常的还是异常的。作者吴艳茹兼具精神科医生、心理治疗师和文艺青年等多重身份，目光深远且才情令人艳羡。

从内容的选择上，本书既有《飞行家》《霸王别姬》这样出现在几乎所有推荐目录中的经典名片，也有《狗十三》《江湖儿女》这样反映时代脉搏的一时之作。遗憾的是，我并不熟悉所有书中提到的影片，但就我看过多遍的几部而言，无论是作为艳茹的同行还是一个电影爱好者，我都在她的内容中发现了许多独到的闪光点。艳茹的眼光是深刻的，无论对电影还是读者，她都有强烈的共情。

让我们一起和艳茹看电影吧！

张沛超

写于 2025 年 5 月 10 日，深圳

前言

和风细雨斜阳归

风在吹、雨在滴，我的心，漂泊于苦海中，何时靠岸？

这曾是我的追问，我想，这也是曾经的你抑或现在的你不安的追问。

往事如烟，大梦一场，依稀却又真切。影像的故事，书写着我们内在的真实，流淌着我们自己的血泪、欢笑与无奈。而每个人的故事，对自己而言，都是最好的电影、最好的戏剧。

本书的第一幕"渡劫"以人生成长的七个主要议题循序展开：我们能否在心理上真的感到自己存在于世？我们能否得到他人的肯定性镜映、获得融合体验以作为分离－个体化的基石，并立足于世？我们的意志能否得到实现以使我们率性而活，还是说我们要屈从于现实的压迫而苟活于世？我们能否依从自己的生命潜能，成长为男性或女性？青春期爱的懵懂火苗是否会被点亮？我们在婚姻中能否经营好亲密关系以获得人人渴望的真正的家？我们能否发展好自己，拥有生而为人可以具有的真正的爱和关怀的品质与能力？

本书的第二幕是"生活，就是修行的道场"。《江湖儿女》中的巧巧为所爱之人顶罪并入狱后却惨遭背叛和抛弃。绝望淬炼了她。她不再把自己的人生寄托于男人的爱，而是依靠自己的坚韧和情义，盎然地在男性世界中获得一席之地，从而获得漫天星空。《蓝白红三部曲之蓝》中的朱莉在一场车祸中丧失了自己深爱的丈夫和女儿，自己也生命垂危。黑色的忧郁夹杂着过去的伤痕笼罩着她，她又如何走出这可怕的由丧失带来的忧郁，进行哀悼并获得新生呢？

第三幕"咨询室里的共舞"以奥斯卡金像奖获奖作品《心灵捕手》和《国王的演讲》，呈现来访者在咨询室这个特殊的人生剧场里如何打开心防，让心伤流淌，从而开启人生新篇章的故事。在这个双人舞的场域下，推动这一过程的咨询师的心伤也被触动、面对并得以疗愈。

第四幕是"告别"。生如逆旅，死即小别。我们如何面对死亡这一人生剧场的落幕？愿你我，都能秉烛叩扉，找到属于自己的答案。

这是一首在悲伤中欢笑着前行的歌，与君共享。

目录

第一幕

渡劫

第一篇　流星

——《飞行家》主人公的璀璨人生与存在性黑洞的交织前行

✳

我用世界上最快的速度完成了环球飞行

并回到原点

我存在吗

这个世界存在吗

莱昂纳多·迪卡普里奥（Leonardo DiCaprio）主演的电影《飞行家》（*The Aviator*）改编自飞行家、航空工程师、导演、制片人、企业家，同时也是美国第一位亿万富翁的霍华德·休斯（Howard Hughes）前半生的真实生平。2005 年，《飞行家》荣获第 62 届美国金球奖电影类 – 剧情类最佳影片、最佳男主角、最佳原创配乐，第 77 届奥斯卡金像奖最佳女配角、最佳摄影、最佳剪辑、最佳艺术指导、最佳服装设计等重要奖项，并获得包括最佳影片、最佳导演和最佳男主角在内的 6 项提名。此外，该片还荣获了第 58 届英国电影学院奖最佳影片、最佳女配角、最佳化妆 / 发型等奖项，并获得包括最佳导演和最佳男主角在内的 7 项提名。这部电影为何如此打动人心？

作为一个普通人，我很难对这位在美国享有盛誉、可以比肩华盛顿和林肯总统的多领域天才的激情、热忱和无畏，无穷尽的能量和创造力，对完美、极限和超越的永恒追求，可怕的执行力，对未来需求的快速且精准的把握及纯粹且极致的理想主义追求感同身受。这样熊熊燃烧的生命所绽放出的璀璨烟花过于耀眼，即便只能一窥如此炽热、斑斓、传奇的生命，我也深感震撼。但作为一名精神科医生和心理治疗师，我却能对他的痛感同身受：他一生被恐惧和强迫症折磨，行为古怪；即便如此，他依然创造了人类史上的奇迹。他的事迹让人惊叹，也让人扼腕。

我尝试着去理解他饱受精神疾病折磨的部分，那存在性黑洞所带来的内在的死亡和灭绝恐惧，连他的耀眼光芒也无法消解半分，这令人悲伤和唏嘘。第一遍看这部电影的时候，我一直好奇是什么让他把拍电影和飞行这两件相隔甚远的事在生命中融合得如此极致。而在影片的最后，我似乎找到了答案。

闭环

在影片一开始，一个五六岁的男孩站在浴盆里，一束昏黄的光照向他，光圈逐步扩大，一名身形窈窕的白衣女子缓缓走近。电影用特写镜头来描述女子稍显僵硬、小心翼翼的手如何打开肥皂盒，并拿起肥皂。她给孩子擦肥皂、洗澡，同时缓慢而又清晰地拼写"隔离"（quarantine）这个单词，男孩接说出了"隔离"这个单词，又拼写了一遍。从接下来的对话中我们可以知道，当时霍乱、斑疹伤寒流行，也许是因为贫穷、卫生条件差让人容易被传染、被歧视，有色人种住的房子都被做了标记以警示白人不要靠近。出于对儿子生命安全的担心，眼神忧虑、悲伤的妈妈一遍遍地和孩子强调着传染病可能会给他带来的致死性伤害。看不见的病菌、外部不安全的世界、可能的死亡威胁，通过焦虑的妈妈深深地烙在小霍华德的心头。

在影片的最后，倾注了霍华德全部心血、身家和名誉的全世界最大的飞机"大力神号"在霍华德的驾驶下顺利起飞，这一里程碑式的事件让霍华德成了全美国关注的焦点。在成功后巨大喜悦的推动下，他马不停蹄地开始对未来做进一步的规划，期间他出现幻视，看到了想置他于死地、让他身败名裂的竞争对手——泛美航空公司的总裁胡安·特里普，他身穿蓝色西装，戴着白色手套，领着有同样着装的手下朝他逼近。霍华德的成功引起了特里普对他的致死性打压，他也曾一度陷入完全的崩溃中。再次大获成功在给他带来喜悦的同时，也带给了他被对手往死里整的巨大恐惧，因此他出现了幻视。恐惧、狂躁的霍华德被他的员工、长期的技术合作伙伴欧迪及财务总监诺亚保护性地关在厕所里，不断地重复着"通往未来之路"的话。同样的"被隔离"、被迫害感和死亡恐惧，与童年时的情境联结在一起：妈妈的叮嘱"你并不安全"回响在霍华德的耳畔。场景回到了电影的开篇，小霍华德在被感染霍乱等病菌的死亡威胁下望着远方，他像是对着妈妈，更像对着自己发出誓言："我长大后要开世界上最快的飞机，拍最大的电影，成为最富有的人。"这一幕的霍华德不再狂躁，他的眼神也从恐惧转为难以言喻的复杂的悲伤，他带着些许自嘲和无奈地苦笑着，不断地重复着"通往未来之路"，然后他的眼神又逐渐变得坚毅起来。

以"隔离"开始，以"通往未来之路"结束。霍华德的生活和生命是如此波澜壮阔、璀璨绚丽，但如同影片最后场景的隐喻——他被"隔离"在厕所里——那样，他以光速燃烧生命，是为了逃离被"隔离"的"死亡"命运；他要拍最大的电影，是为了让那不存在的东西有存在的痕迹。电影是由一帧帧图片组成的，在我的感觉中，似乎最大的图片在小霍华德的无意识幻想中能够让不可见的霍乱、斑疹伤寒病菌变得可见，这样，他就不需要感到那么恐惧了。成为最富有的人，他就不会像有色人种那样被标记、被隔离了。这些与现实脱节的夸大幻想，成为小霍华德抵御死亡威胁的"通往未来之路"。天才的才华和无以匹敌的能量，让霍华德把曾经的幻想全部变成了现实。在恐惧中癫狂的霍华德看到了他做这一切的缘起和初心。霍乱的威胁不再，可是，他的心已经被深深地圈禁在对死亡的恐惧中。他的眼神又逐渐变得坚毅，他只能继续以坚硬的外壳来包裹他那恐惧、孤寂的心。

霍华德的死亡恐惧只是源于童年时期的霍乱、斑疹伤寒吗？我不这么认为。在我看来，这种死亡恐惧，叠加在婴儿时期的霍华德那没有被消解的灭绝恐惧上。婴儿没有语言，也没有记忆，但这些会在生命中留下印迹。尽管影片没有呈现更早期霍华德与父母特别是妈妈的互动，但从妈妈反复给他灌输危险的场景中，我们看到的是妈妈无法帮助霍华德消化、抵挡一部分来自内在和外在的危险所带来的恐惧，反而把自己的恐惧不断地传递给霍华德，尽管她同时是一位关心孩子的安危、给孩子提供照顾的好妈妈。在生命伊始，每个婴儿都很脆弱，其生理和心理的安全、舒适和幸福，全部托付在妈妈（主要照料者）身上。婴儿作为一个人的主体性还没有建立，在他感到不安全的时候，即便只是醒来时周围没有人，或者饿了时没有及时吃到奶，婴儿都会声嘶力竭地哭泣，就像要死了一样。而在婴儿的内心，他的确体验到自己的生命即将灭绝所带来的恐惧，这种恐惧比成年人有时体验到的魂飞魄散——专业术语为"解体恐惧"——还要让人难以忍受。

因为灭绝恐惧里连"魂"和"魄"都没有，有的只是恐惧，恐惧的"黑雾"会侵袭所有，一切都被冻结，只剩空白。这时，妈妈的温柔、微笑的脸庞、温情的怀抱和安抚、乳房所给予的乳汁，给婴儿带来了身体和心灵上的安全感、安慰和满足，消解了他的恐惧，并让他在刹那间置身于一切都那么美好的"天堂"。但是，如果妈妈本身就是焦虑的，并在看到恐惧、哭泣的孩子时慌乱无措，她就难以帮助孩子承受、消化这些恐惧，并在无形中增加孩子的不安，这种恐惧会在孩子心中不断累积，成为无穷无尽的存在性黑洞和心灵的"地狱"。但人是无法一直生活在"地狱"中的，只能通过原始的否认和不切实际的夸大幻想来逃离存在性黑洞所带来的恐怖的灭绝恐惧，以让自己在人间生存。在影片中，霍乱带来的死亡焦虑，是叠加在小霍华德原有的存在性黑洞之上的。但在更早期，是什么带来的恐惧，我们无从知晓。由于身为婴儿的霍华德没有记忆，因此所有的害怕都被投注在霍乱等传染病上了。

小霍华德在说他长大后要开世界上最快的飞机时，并没有望向妈妈，而是望向了空洞的远方。他没有办法从妈妈那里得到安慰，也没有办法再去承受妈妈不断传递给他的恐惧。他只能通过这些在当时看起来夸大的幻想，让自己逃离那不可忍受的恐惧。

地狱天使

影片以霍华德倾巨资拍摄实景空战电影《地狱天使》拉开帷幕。《地狱天使》，无论是其内容还是名字，都像一个隐喻，并完美地诠释了霍华德的一生。从童年期或婴儿期开始，他便心处死亡的地狱；战争是他在内心与死亡进行搏斗的激情的外化；即使濒临破产，他也要抵押一切，执着甚至偏执地按照心中完美的样子来拍摄电影。对普通人来说，这样的生活不也是一直处于战争中吗？他在飞行着的飞机群中毫无保护地指挥、拍摄，在他所在的飞机被撞后像什么事也没发生一样继续拍摄，无所畏惧，是否他在以最原始的否认死亡存在的方式，来抵御死亡恐惧的侵袭？在拍摄《地狱天使》的现实过程中，三名飞行员丧生；霍华德自己充当飞行员并完成了飞机坠毁的高危险性拍摄镜头。地狱彼岸的天堂及天堂里的天使，深深地吸引着霍华德。空战的背景是天空，天空是天堂的所在地；当霍华德需要以云来突出飞机的飞行速度时，他向气象学家描绘积雨云是"充满奶水的巨大乳房"，如此形象的比喻，或许也是霍华德一生中最大的渴求——可以永不枯竭地给予他奶水、情感安慰并让他感到安全的妈妈，而这恰恰是他小时候不曾获得、长大后即便赢得了全世界的赞誉也得不到的"天使妈妈"。霍华德的心灵也在恐怖的地狱和授予他巨大成就的荣耀天堂间反复横跳。霍华德虽然心处地狱，但他把自己活成了天使。他的生命创造了人类的传奇。人类首次登月的无人太空船是休斯公司制造的。1953 年，他成立了霍华德·休斯医学研究所，以研究"生命的起源"。这个研究所继承了他所有的遗产，这些遗产现在是世界上第二大医学研究基金。"生命的起源"，这句话寓意深长。霍华德内心的一部分，就是在他生命的源头被掐灭的。

第一次出现幻视和解离

《地狱天使》是霍华德顶着倾家荡产的巨大压力、花费史上最高投资费用（400 万美元）拍摄的巨片。影片大获成功，霍华德手挽着女主角的扮演者珍·哈露出席盛况空前、万众瞩目的首映礼。在车上的霍华德就表现出紧张和不耐烦，与他在拍摄片场挥斥方遒、杀伐决断的形象截然相反。走红毯时，他在无数镜头下和欢呼声中用标志性的微笑掩饰着内心的慌乱，并出现了幻视：他踩着镜头和灯泡的碎片艰难地前行。看到这一幕的时候，我感觉丝丝缕缕的恐惧从我的心间四下开裂出去，这是明显的解体恐惧。为何他会如此害怕？他自己是导演、制片人，他是主动者、控制者；但是，现在是别人在拍摄他，他是被动的。而他，非常非常害怕其他人看见并永久留存他内心的惊慌失措和因无所凭依而导致的恐惧，以至于他幻想着这些镜头、灯泡都碎掉，让他踩在脚下，这样他就可以恢复掌控感了。霍华德一直是一个狂热的创意执行者，他难以享受站在顶峰并被人瞩目的感觉，这与他内心的深渊反差太大了。

在正常的交流中，霍华德的听力完全没有问题。但在影片中，霍华德有几次出现"耳聋"或类似"耳聋"的情况，第一次就发生在这个首映礼上。当主持人问霍华德，拍这部史诗级电影对他来说是一种什么感受，他对票房收入是否会感到紧张时，霍华德的回答完全文不对题。这个场景激发了霍华德那魂飞魄散的解体恐惧，他感到太痛苦了，在意识上完全无法应对，于是，他便用感官的解离——听不见外界的声音——来进行防御。

精神病性的强迫和解体崩溃

➤ 霍华德的精神病性强迫

影片正片的场景变化很快，高潮迭起，极速"前行"，我在第一遍看这部电影的时候有一种心悬空感。直到霍华德向凯瑟琳敞开心扉，我的心才安静下来。霍华德自驾 NY-258Y 进行空速测试，成为世界上飞行最快的飞行员，尽管受了伤，霍华德还是赶紧跑回家与女朋友凯瑟琳分享了这一喜悦。凯瑟琳帮他清理伤口并用手给他洗脚。这给他带来了久违的温暖、安全和亲密感，他第一次真情流露（向他以外的其他人），并透露了自己心中的恐惧——"我感觉事物并不存在""我害怕自己会发疯，如果我真的疯了，就会像蒙着眼飞行一样"。霍华德与他被隔离的存在性死亡恐惧之间是有联结的，只是这种恐惧没有出口，或者他认为没有足够安全的人让他可以倾诉并帮他分担。正在热恋中的凯瑟琳心疼霍华德并为他感到悲伤，她告诉他："你教会了我飞行，霍华德。我会来掌舵的。"凯瑟琳抚摸着霍华德的脸颊，亲吻了他的额头，然后拥抱着他。这很像妈妈和孩子的互动。良好的亲密关系可以在一定程度上帮助修复早期亲子关系中的伤痕。在面对即将到来的更加巨大的成功时，霍华德告诉了凯瑟琳他内心最深处的脆弱与恐惧，凯瑟琳深深地接纳了霍华德的脆弱并告诉他，"没关系，有我在，我会为你负责、为你把握方向盘，你是安全的"。也许，这就是霍华德如此深爱凯瑟琳的原因。即便凯瑟琳后来爱上了其他人并抛弃了他，他还是为凯瑟琳高价买下了她和有妇之夫的风流照片。她是第一个让他敞开心扉的人，也是第一个走近他"隔离"之地的人，至少在那一刻，她给他提供了他一直渴望的"充满奶水的巨大乳房"。

"精神病性"这个词也许会吓到读者。精神分析的人格诊断把人分为精神病性人格结构、边缘型人格结构和神经症性人格结构。拥有精神病性人格结构的人很可能在旁人看来是正常的，但他们的内心深受"我不存在"的存在性焦虑的折磨。或者说，他们就像树根已经烂了的树，尽管树看上去可能还枝繁叶茂。当然，树根可能烂了一部分，也可能全部烂掉了。拥有精神病性人格结构的人可能一辈子也不会出现精神病性症状，但在巨大的压力下，精神病性症状则有可能出现，如霍华德出现的幻视。在我看来，霍华德的生命之根有一部分烂掉了，这使得他深受精神病性强迫、死亡焦虑、迫害性恐惧的折磨；但他生命之根的另一部分却异乎寻常地茁壮，并迸发出太阳般的灼热光芒。而这两部分在他的生命中是交织前行的。

在每一种人格结构下，人都有可能出现强迫症状，强迫只不过是为了缓解、控制内在情感上的焦虑而出现的反复或仪式化的思维或外在行为。如果一个人的人格结构是神经症性的，那么他的树根、树干就都是好的，只是树枝出了问题。这样的人如果出现强迫症状，他会意识到自己的强迫动作没有必要，并做出对抗强迫的行为。而如果一个人的人格结构是精神病性的，那么受此折磨的人不会觉得自己的强迫没有必要，也不会再做出对抗强迫的行为。边缘型人格则可以被理解为介于二者之间：树根是好的，但树干不直。拥有边缘型人格结构的人在情感上常常能直接感受到自己的焦虑并以其他方式呈现焦虑，如果以强迫的方式来控制焦虑，其症状的严重程度也介于神经症性强迫和精神病性强迫之间。

影片多处展现了霍华德的强迫。面对煮得很生的牛排、没有煮熟的鱼，他总是面露难色和恐惧。霍乱是通过消化道传播的，而这些不干净的食物可能会致命，这种恐惧深深烙印在他心中，无法磨灭。当他追求凯瑟琳，带着她开飞机时，他在犹豫过后终于和凯瑟琳共饮了一个瓶子里的饮料。恋爱让他卸下心防，不再那么恐惧其他人会把病菌传染给他。他坐在沙发上，用手抚摸凯瑟琳丝滑的背部，然后镜头很快切换到他充满无限爱意地抚摸着已经足够符合他"丝滑"要求的飞机机身，因为机身的铆钉终于达到了他对"干净"的要求。这诚然是一个技术狂人对技术精益求精、臻于完美的永恒追求，但他的用词——"干净"——是否也表明了只有足够干净，才足够安全；只有足够干净，飞机才能飞得越来越快，逃离"隔离"的死地，无论他隔离的是现实的场所，还是他心灵的死地？

影片第一次清晰地呈现霍华德的强迫症状，是在他用最快的速度完成环球飞行后，他的盛名一下子又到了一个新的高度的时候。觥筹交错的场合总是让霍华德难以适从，而凯瑟琳为了他周旋于各种交际更增加了他内心的不安，他紧张得一开一阖地抓着自己的手以保持镇定，他担心被自己倾心相付的凯瑟琳抛弃。也许，被抛弃的恐惧一直藏在霍华德的心中，而最后，这变成了现实。霍华德内心没有被看见的脆弱、恐惧的那部分自己，是很渴望被看见、被拥抱、被理解、被消融、被整合到自己的人格中的。如果一直没有被看见，那么在某种意义上，这部分自己也是被抛弃了的。在绝大多数时间里，霍华德都把这部分自己"隔离"起来，因为他承受不了靠近所带来的痛苦；他期待凯瑟琳能够陪着他一起承受，而这部分脆弱的自己也特别害怕被凯瑟琳抛弃。

艾娃过来安慰了他，并说道，"别担心，她只是在做她的工作"。被不熟悉的人看穿让霍华德更为恐惧，他跑到卫生间，通过反复洗手来压制自己的恐惧。霍华德随身带着肥皂盒和肥皂，看起来与妈妈当年给他洗澡时使用的肥皂盒和肥皂一样，这似乎帮助他把不干净的东西、心中的恐惧给洗掉了。尽管妈妈无法帮助他消化、代谢心中的恐惧，妈妈用肥皂给他洗澡、消除病菌的方式还是完整地被他保留了下来。霍华德心中的妈妈还是有相当好的一部分的，这是他一部分健康人格的基石，也是他前半生依然期待和渴望美好的亲密关系的重要原因。当他发现有人在卫生间时，他感到很恐惧，他不想被发现，此时的他知道自己这样是不正常的，被人发现会让他感到羞愧；而作为名人，被曝光的代价是很大的，于是他停止了洗手。尽管很为难，他还是拒绝了给这位残障人士递擦手巾的请求，因为他担心与陌生人接触会传染病菌，而这又会引发新的恐惧。

➤ 霍华德的解体崩溃

影片中有三个霍华德完全崩溃的场景：第一个是凯瑟琳告诉他自己另有所爱并离开了他；第二个是他因飞机失事而九死一生后又被参议院威胁要他身败名裂，凯瑟琳前来看望他；第三个是女友艾娃在华盛顿听证会前的一周内前来看望他。

霍华德过于关注自我（这样的人也注定关注自我），全身心地投入工作。最初的激情过后，在原生家庭中需要扮演父母期待的角色、骨子里又特立独行的凯瑟琳终于不堪与霍华德的生活，投入了另外一个给予她温情的男人的怀抱，并向霍华德摊牌了。霍华德的自尊受到了深深的伤害。一开始，他否认这一事实。他问凯瑟琳是否在和他演戏。在确认了凯瑟琳的确要离开他后，他用倨傲的态度躁狂性地对凯瑟琳进行了贬低，"我想你以后还会不会演戏了""女演员并不值钱""你只不过是个明星"。我看到霍华德盛怒之下深刻的悲伤和崩溃的前奏：他的眼睛开始泛红。接下来的一幕让人震惊又悲哀刻骨：霍华德把自己所有的衣服全部烧掉，包括正穿在身上的衣服，一件不剩！这些衣服上有着他与凯瑟琳耳鬓厮磨或凯瑟琳碰触过的痕迹，凯瑟琳背叛、离开了他，成了伤害甚至迫害他的人，这个给予他满足、安全感的"好妈妈"，一下子变成了伤害他、置他于死地的"坏妈妈"，这些衣服也都变成了"有毒的"。他那漂浮、无处可依的恐惧四处弥散——他的眼神中满是恐惧。他必须烧掉衣服，才能保证自己是安全的。这是处于偏执－分裂状态的霍华德的疯狂自保之举。而且，在霍华德的幻想中，"赤身裸体"似乎是保证不被不洁之物侵染的方式。影片一开始，他就在赤身裸体地洗着澡。在发泄了愤恨和恐惧后，霍华德给诺亚打电话，让诺亚帮他买衣服。他先后说了到彭尼、伍尔沃斯，又到彭尼，最后说到西尔斯去买，他担心诺亚会录音，留下他不正常和被抛弃的证据。黑色的解体恐惧在空气中弥漫，到处都有危险，他觉得自己可能会被追踪、被录音，背后燃烧的熊熊火光，似乎让人看到他心中弥散的黑色迷雾流窜得更为猛烈。在这之后，他雇用了 15 岁的女孩多梅尔格作为女朋友陪他出席，并给这个女孩提供了礼仪训练等课程，这样，他就能获得掌控权，再也不会被抛弃了；而且雇佣关系让他不会再全情投入，他的心灵也就不会再深受重创。

场景来到霍华德和胡安等人在椰子林餐厅。胡安看起来是特意过来宣战的。尽管霍华德表现得满不在乎、胜券在握，但从他斥责多梅尔格及随后马上跑到卫生间洗手的行为来看，他对胡安的宣战是非常紧张的。依然是那个肥皂盒、那个牌子的肥皂，但现在他的心灵无处可依，他强迫洗手的症状也明显加重了，或者说，他的解体恐惧已经越来越压不住了。他洗手洗出了血，血溅到白色衬衫上，他又洗了白色衬衫，最后，他甚至不敢用手去开厕所的门，因为这又会把他的手弄脏，传染病菌，他只能等到有人打开卫生间的门的间隙偷偷溜出去。如此让人心痛又害怕的反差！这时，他觉得洗手是保证自己安全的必需方式，否则自己会有危险。而上次在卫生间强迫洗手时，他尚能停下来，尚能知道自己的行为不正常，不能让人发现。

此后，霍华德受到了一连串打击。XF-11 试飞出了事故，他九死一生，元气大伤；战争结束后，美国空军撤销了订单，包括对"大力神号"研发费用的投入；他害怕再次被背叛和抛弃，于是在新女朋友艾娃那里安装了多个窃听器，并派人跟踪随行，导致艾娃与他发生了剧烈的争执并愤然离去；在胡安等人的幕后操纵下，美国联邦调查局对他的公司和家庭反复进行了地毯式搜索，并且这件事还被新闻媒体广而告之，这样的侵犯和羞辱，让霍华德感到愤怒、无力、悲哀、被践踏，也深深地感到恐惧。对像他这样为了捍卫生命安全而严重洁癖的人来说，让这些陌生人到他家来随意触碰家里的东西，无疑是致命的摧残。

场景又切换到了他和参议员欧文·布鲁斯特——由竞争对手胡安·特里普支持并操纵——在布鲁斯特下榻的酒店里的战争。开始时，一切看似和风细雨，暗地里却波涛汹涌。二人都掌握着对方的底细。我实在是太佩服霍华德了，在被恐惧折磨、心力交瘁下，他依然心细如发地从一幅画中洞察了背后的隐情并予以反击；他拒绝了和解的提议，哪怕要面对身败名裂、一无所有的结局，他也要死磕到底。但这样做的代价太大了。出了门，霍华德便崩溃了。

他完完全全被解体恐惧吞噬了。他把自己封闭在放映室里，完全陷入了他一直想要逃离的隔离的境地。放映机发出的冷光与灯泡忽明忽灭的红光营造了一种诡异的氛围，他的内心此刻也处在这样一种诡异而又可怖的情境中。这位不可一世的大富豪不安地来回走动着，口中喃喃自语道："我有地方可以睡觉，有椅子（可坐）。"在这句话中，我读到的是，"没有什么地方是可以让我安心睡觉、安心坐下来的"。他觉得哪里都不干净，整个世界已经被他内心的恐惧投射成处处危险的地方；在近乎癫狂中，他看到放映机放出了沙漠的图片，他说，沙漠虽然热，但却是干净的。那一刻，他的眼中似乎有了点光彩，在这世上，他似乎找到了安全之所。（1958 年，霍斯顿的确移居到智利首都圣地亚哥附近的沙漠了。）他脱掉上衣，一边重复着仪式化的动作，一边喃喃地说着怎么喝整整齐齐地摆在面前的、瓶盖已经打开的六瓶牛奶。在霍华德的幻想中，这机械、仪式化的思维和动作，似乎可以箍住魂飞魄散甚至快要被恐惧侵蚀得完全不存在的自己。但接着，他又开始担心，牛奶坏了怎么办？一个崩溃的人需要的是温情、充满理解和接纳、有力量的怀抱，这可以帮助他将那魂飞魄散的心和恐惧收摄。他需要牛奶，那是母亲的奶水、怀抱的一个外化象征。但是，也许他早年在感到恐惧时从母亲那里得到的"奶水"就带着母亲的"忧虑毒素"；而他曾经热切期待的凯瑟琳，也抛弃了他。现在，他想通过喝牛奶让自己平静、放松下来，然后去睡觉，但他突然想到牛奶坏了——"有毒"——怎么办？

凯瑟琳——这个曾经给他提供"好奶水"的女人——来找他了。但是，他拒绝让凯瑟琳看到如此狼狈不堪的自己。凯瑟琳是他曾经深爱、现在也依然爱着的女人。就在他终于有些心动，想要让凯瑟琳进来的时候，凯瑟琳说她现在的男朋友是她的一切。这一下子将霍华德打入了地狱。他怎么可能让这个抛弃她的女人来为他掌舵，怎么可能将脆弱的自己交付给她呢？他沉默而悲哀，用仅存的理智维护着自己的尊严，"你很快会看到我，我会带你去开飞机"——那是凯瑟琳曾完全倾心于他的时刻和时光。凯瑟琳走后，霍华德彻底崩溃了。他完全不吃三明治，三明治边上臭虫乱爬；他一丝不挂、胡子拉碴地坐在放映机旁，拿着话筒，反复说着"拿牛奶进来"，并计算着让别人以怎样的角度拿进来，这样他就可以不用碰触放食物的纸，从而避免被传染；而屏幕上是艾娃的照片。凯瑟琳在他绝望时给了他一点希望，但那句话又让他重新陷入被抛弃的可怕深渊。他像当初凯瑟琳离开他时那样一丝不挂，切断了与凯瑟琳的所有联系。可是，疯狂的他并没有完全绝望，他依然期待着"奶水"的滋养和安慰——无论是"牛奶"，还是艾娃。他已经完全失去掌控感，但是他在幻想中创造了一种掌控感：不断重复着指令"拿牛奶进来"；屏幕上出现艾娃的形象也是他自己可以控制的，尽管现实中的艾娃因为他安装窃听器已经离他而去。他太恐惧、孤独了，他拿着话筒，仿佛依然有人在听他指挥着拍电影一样，而如果有什么地方搞错了，即便是一点点错，都必须而且可以重新拍摄。这时，屏幕上又出现了沙漠的图片，那是他认定干净的地方，也是一个可以重新来过的地方。霍华德的幻视中那个身穿白衣、戴着白手套的服务生，既可以给他拿来干净的牛奶，也可以听他发号施令以慰藉他的孤独、无助和无力。在崩溃隔离中，在霍华德的幻视和精神病性强迫浓墨重彩地演绎了他内心的恐惧和期待后，他似乎又积聚了一定的能量，以支撑他衣衫不整地主动走去开门。开门后，画面里他公司的员工都戴着白手套。从这一幕开始的虚幻镜头和画面所呈现的空寂感，以及和他对话的女员工刚看到他时的诧异感，让我觉得这应该是他的幻视，而非他在疯狂的状态下给员工下达戴白手套的命令。只有大家都戴上白手套，才能隔绝病菌，他也才能感觉自己是安全的。

但是，恐惧依然如摧枯拉朽般折磨着他，华盛顿的听证会，更是把他紧绷而又脆弱的神经拉扯到了极限，甚至让他陷入绝望：他不再期待"奶水"，他的家里不再有牛奶，他把自己完全隔离在家中，不知岁月几何。然而，他曾经渴望的艾娃主动来到了他家，他也没有丝毫犹豫地开了门。为何他拒绝凯瑟琳却没有拒绝艾娃呢？我想，他没有那么深地爱过艾娃，不曾对艾娃袒露过自己的脆弱，他没有那么深切地期待过，也没有真的被艾娃背叛或抛弃过；而在被凯瑟琳伤害并彻底崩溃后，他对艾娃是有所期待的，而且，此时的他已经穷途末路。艾娃来到他家的时候，场景无比悲催。为了防止细菌污染，他不停地用的纸巾已经堆得满屋子都是；地上铺着报纸；房间用不同颜色的带子分割出不同等级的无菌区域。他拿着纸巾旋转门锁给艾娃开门，又用新的纸巾帮艾娃把包拿下来，生怕自己被污染。艾娃的到来本身，就是给绝望的霍华德最大的安慰（主动给霍华德提供"奶水"）；艾娃直接把带子撕掉，闯入他所认为的"不安全区域"，这是在告诉他，"这是你的想象，并没有所谓的安全或不安全的区域"；艾娃说"我喜欢你的布置"，这是对他那在正常人看来极为怪异的行为深深的接纳。

艾娃给他梳洗、刮胡子，就像妈妈对待孩子一样，这一幕让我联想起，他是在凯瑟琳给他洗脚后告诉凯瑟琳他心中的恐惧的。他也坦诚地告诉艾娃，他出现了幻视，尽管他没有说具体的幻视内容：原本他认为干净的水流，现在在他眼里就像会把人卷入黑色深渊的水瀑。他把自己心中的黑色深渊投射到了作为生命之源的水上；外在的事物，真的样样都可以毒害他。艾娃对此并不感到惊讶，她只是平静地告诉他，"我知道的"。这两幕与影片一开始，妈妈在给霍华德洗澡时告诉霍华德霍乱的危险，而霍华德对着远方说自己长大要如何，形成了鲜明的对比。凯瑟琳和艾娃能够接纳和承载成年霍华德心中的恐惧，而霍华德也能坦然地倾诉自己真实的内心；但妈妈却无法承载小霍华德心中的恐惧，小霍华德只能通过对远方超人的幻想来逃避内心的恐惧。

艾娃看到霍华德恢复了些许力量，同时为了帮助他克服对水的恐惧，她让他自己拿起肥皂，把脸洗干净，同时告诉他，"我就在这里，我哪儿也不去"。她这样做是在告诉霍华德，"我陪伴着你，如果真的有危险，有我陪伴并保护你；如果没有，我与你一起见证和经历"。当霍华德问艾娃"你看这是否干净时"时，艾娃没有安慰性地说"干净"这样苍白的话，而是告诉他，"没有什么东西是干净的，我们尽力就好"。这时，艾娃是在与理性、有成人功能的霍华德对话。当霍华德终于捧着水把脸洗干净后，两个人都露出了放松的微笑。这一步，如同跨越了万水千山，让霍华德从地狱走近人间。

霍华德穿起西装，打了领带，和艾娃一起站在镜子前。这一幕颇具心理学意味：镜映。霍华德通过镜子，看到自己"看起来还不错"，又通过艾娃的眼睛看到"你看起来棒极了"。这给了霍华德莫大的勇气和力量，燃起了他对持久亲密关系的希望和期待。霍华德问艾娃是否愿意和他结婚。艾娃直接拒绝了他。离开时，艾娃请霍华德在听证会上鼓起勇气，为她打赢这一仗。尽管艾娃的拒绝让霍华德悲伤和丧气，但艾娃的确把霍华德从深渊中"捞"了出来，也给了他面对听证会的勇气。

艾娃与凯瑟琳的区别

艾娃是个共情能力强、温柔、稳定且内核坚定的特别女子。在霍华德的"盛宴"上，她主动安慰当时与她并不相熟、或许还是第一次见面的霍华德；她拒绝霍华德花重金、动用巨大人力找来的特别的蓝宝石项链，只需要一顿晚餐；她因不能容忍霍华德在她身边安装窃听器而扇了霍华德一耳光并愤然离去；在霍华德赢了参议员的听证会、赢了泛美航空公司并获得环球飞行的权利、让"大力神号"顺利起飞等巅峰时刻，她依然只要霍华德请她吃一顿晚餐并拒绝了在巴黎随意购物的邀约。但在霍华德的至暗时刻，她主动前来，给霍华德带来光明、希望和力量。艾娃的确倾心于霍华德这个疯狂的天才，而非他的财富和耀眼的光环，同时，艾娃清楚地知道自己要什么、无法忍受什么。所以，她爱霍华德，但又始终与霍华德保持着距离。

凯瑟琳在霍华德尚未完全崩溃的时候，也前来尝试帮助霍华德，但却把霍华德进一步推进了深渊。从与霍华德第一次见面起，凯瑟琳就表现得聪明而尖刻，一如她的美貌和她那瘦削而又高挑的身材。她说自己与霍华德很相似，这是他们相互吸引的地方。她也喜欢冒险，只是她的冒险是一时追求刺激，而霍华德的冒险则是融入生命的基因。凯瑟琳一天洗七次澡，真的只是因为她运动时爱出汗吗？是否有她所没有觉察的、由内心的不安导致的因素？洗澡对她来说是否也是带有强迫色彩的洁癖？霍华德和凯瑟琳一起回凯瑟琳家，这么重要的一次会面，凯瑟琳的父母竟然让凯瑟琳的前夫也在场，他们有没有考虑过凯瑟琳和霍华德的感受？吃饭的时候，看似很有修养的凯瑟琳的家人充满了优越感，对他人满不在乎。当凯瑟琳的家人主动询问霍华德关于飞机的事情，却又毫无礼貌地打断甚至嘲笑霍华德，并讽刺他不看书只看杂志是没有文化的表现时，凯瑟琳没有为霍华德说一句话。后来，霍华德在礼貌地反击后离席了。在回家的整个过程中，凯瑟琳的家人唯一一次与凯瑟琳真正对话，是她的父亲询问她一个过气的女明星拍电影的事。事情进展得并不顺利，凯瑟琳的回答充满了对对方的贬低，却没有表达出自己内心可能存在的失落。凯瑟琳告诉霍华德，她在父母面前要表现出父母期待的样子，而只有在霍华德这里，她才是真实的。这是关键。凯瑟琳的内在也是一个缺爱的脆弱的孩子，缺乏来自父母的尊重、关爱和重视。霍华德的控制欲是很强的，而被父母隐隐控制着的凯瑟琳在无意识中也认同了她的父母，在与霍华德相处的过程中也表现出了很强的控制欲：她咆哮着问霍华德能否像正常人一样把冰激凌放在碗里吃，而非直接拿着盒子吃。所以，她在与霍华德发生冲突后，很快投入有妇之夫斯彭思的怀抱。她不了解她的背叛会给霍华德带来多么巨大的伤害。二人中间隔着一扇物理的门，也隔着心门。她看不见也无法真正听见霍华德的倾诉与需要，她只是在表达着她自己，表达着她自己的需求。

隔着一扇门，霍华德向凯瑟琳倾诉，似乎也在安慰为他担心的凯瑟琳："凯蒂（对凯瑟琳的亲密称呼），我总是能够听到你，哪怕是在引擎轰鸣的驾驶舱里。"他在向她表明，"即便心中巨浪滔天，我的心里依然有你，你曾经的言语依然回响在我的耳畔，给我带来一丝安慰"。而这时，认为霍华德有点耳聋的凯瑟琳的回答是，"因为我的声音太大了"。这段对话如此错位，令人悲哀和唏嘘。然后，凯瑟琳主动说，她前来是为了感谢霍华德为她买下了她和斯彭思的照片。这岂止是在伤口上撒盐？霍华德悲伤地问："你爱他？"凯瑟琳回答："他是我所拥有的一切。"这重重的一击，让原本站立着的霍华德颓然地坐在地上，紧紧抱住自己。"我对你还有情，原本我也期待着你对我还有情，而我现在彻底成了你的过去式，被你彻底抛弃了。你会在我失控时为我掌舵的承诺，也如齑粉般碎灭。我怎能把自己交给一个不爱我的人呢？我只能让你赶紧离开，不要再继续伤害我，用残存的理智维护自己碎了一地的尊严，并告诉你，我依然可以带你飞行。而你这时还说要为我掌舵。我的心已经因你而紧缩，心门紧锁，如同雪花飘零，我怎么可能还让你为我掌舵？让你掌舵，只会让我更加恐惧，万劫不复。"

一段随时可能曝光并让双方的名誉和职业严重受损的关系，对凯瑟琳来说却是她的全部。那她自己在哪里呢？她的内心是有多无力和匮乏，才会把斯彭思当作她的全部？她本想来帮助霍华德，结果却把悬崖边的霍华德直接推向深渊了。

花花公子

霍华德的一生，除了天才般的传奇成就外，他的风流韵事也被人津津乐道。在我看来，莱昂纳多很帅，但他真的不如霍华德本人帅。影片在开头就充分展现了他"撩妹"的本事。有杂志"八卦"过他曾与 164 位好莱坞女明星有过风流韵事。FBI 在搜查他的公司时，特地展示了搜查出的好几位女明星的照片。但霍华德的亲密关系和婚姻都以失败告终：凯瑟琳离开了他，妻子简·皮特斯也离开了他。他在花丛中招蜂惹蝶的同时，是否也在抵御内心的荒凉、死寂、恐惧，以及因对亲密关系求而不得而产生的孤单、无依和挫败感呢？

流星

霍华德在 XF-11 试飞失败、身受重伤及面对救援人员时说自己是飞行家。影片也以《飞行家》命名。在霍华德众多耀眼的头衔中，他内心最认同的就是飞行家。霍华德最终在飞机上走完了自己的生命旅程：他在乘坐自己公司的飞机从墨西哥返回家乡休斯敦的途中去世，离世时他只有 83 斤，终年 71 岁，孑然一身。冥冥中，他是想落叶归根吗？哪里才是他的"根"呢？

✳

我像流星
闪耀着划过这个星球
黑色无垠的天幕
是我永恒的背景

第二篇　生命伊始之殇

——从《霸王别姬》看自恋性人格艺术家的生命挽歌[①]

✳

往事不要再提

人生已多风雨

纵然记忆抹不去

爱与恨都还在心底

你不曾忘了过去

让未来好好继续

[①] 与本书选取的其他电影不同，《霸王别姬》的历史背景涉及从 1924 年至 1977 年的多个时期。虽然该电影的主体叙事发生在民国时期，但其中的很多细节仍留有清朝遗风。——编者注

程蝶衣的故事已然落幕，我依稀看到她①在苍茫中回眸，嘴角似笑非笑，留给我们无尽的心痛、悲伤和惆怅。我也只能在追忆中一点点梳理她的生命轨迹，借以表达我对她的理解、尊敬和怜惜，同时疏解我心中深深的伤痛。

童年创伤

1924 年的冬天，在老北京热闹的街头，一个女人抱着一个蒙着面的清秀孩子，厚厚的护手将孩子的手"保护"得严严实实。从这个女人和街头男人的对话中，我们很容易知道她是一个妓女，而这个孩子，就是童年的蝶衣。在影片中，童年的蝶衣在进入戏班并成为小豆子之前，没有人称呼过他的名字，他的妈妈没有叫过他，戏班的师傅也没有问过他叫什么名字。名字是一个

---

① 在本篇文章中，我分别用"他"和"她"来指代不同时期的程蝶衣，以体现其当时的性别身份认同。童年和青春期时的程蝶衣（小豆子）存在性别身份认同方面的困惑和迷惘，但总体上还是认同自己为男性，这才有小豆子逃离戏班的情节；为了生存，小豆子不得不放弃对性别身份的挣扎，于是成年的程蝶衣认同自己为女性。但到生命的最后一刻，程蝶衣又模糊地回到了男性身份的位置。在结尾纵观程蝶衣的一生时，我用"他"来指代程蝶衣，这既是对这个角色的生理性别身份的尊重，也是对他在人生遭遇的逼迫下不得已的选择的尊重。

人身份的象征，没有名字，也就没有身份。童年的蝶衣在成为小豆子之前是没有身份的，他只能蒙着脸，因为他是一个妓女所生的见不得光的孩子。我们每个人都凭借自己的脸来辨识彼此，通过照镜子来认识、看清自己。父母是孩子的镜子，孩子首先通过父母的镜映让父母了解他们，父母再将这种了解传递给孩子，让孩子了解自己。但是，童年的蝶衣不仅没有人了解，连让别人了解的机会也被剥夺了：他的脸被蒙住；而他的手，一个与外界接触、探索世界的媒介，也因为有一畸指而被捂得严严实实。当我们还是蹒跚学步的孩子时，父母牵引着我们的手，引导我们走这人生的路；我们也伸着手，要求、等待着父母的拥抱，父母在这样的要求、等待中感到满心的欢悦。爱在亲子间流动、荡漾，给了孩子不断成长的力量和勇气。只可惜，对小蝶衣而言，这一切都是缺失的。在妓院那种送往迎来的环境中，一个连母亲很可能都搞不清楚父亲是谁的孩子就这样不受欢迎地来到这个世界，还身带畸指，被视为不祥之物。尽管小蝶衣的妈妈尽自己最大努力地给了小蝶衣生存的空间，但可想而知，伴随小蝶衣成长的必定是歧视、鄙夷、回避、嫌忌。孤独、弱小的他只能待在自己的世界里寻找安慰，时而带着惊恐和疑虑张望外面的世界。

小蝶衣的男孩身份日益不容于妓院，他的妈妈只好到戏班给他谋一条出路。然而，小蝶衣的畸指又使他被拒之门外，于是，出现了这样的一幕：在寒冷的冬天，小蝶衣的妈妈拉着小蝶衣的手急促地走到外面，用蒙脸的布把小蝶衣的眼睛蒙上。小蝶衣意识到有危险即将来临，他不安地把布扯开，说道："娘，手冷，水都冻冰了。"但是，小蝶衣的妈妈很快又把小蝶衣的脸蒙上，手起刀落，伴随着苍茫画面中的一声惨叫，小蝶衣被切掉畸指，四处逃窜。这一幕让人感到悲切的痛，生存对他们娘俩来说是如此艰辛和不易，让人不忍直视，只希望能够拥他入怀，给予他深深的抚慰、温暖和照顾。终于，小蝶衣有了一个名字"小豆子"，也有了一个身份——戏班的小学徒。但这个身份的获得是以小蝶衣失去自己身体的一部分为代价的，他并没有以他原来的样子被接受；而且，伴随着这个身份的获得，他也失去了苦难生活中唯一的温暖和安慰——妈妈。

可惜的是，小豆子在戏班中并未得到接纳，等待他的是同伴们的排斥、讥讽和嘲笑。"窑子里来的，一边去"这句话一定深深刺伤了小豆子那敏感而又脆弱的心。他把妈妈留下的唯一信物——御寒的大氅，丢进了取暖的火盆。我相信，小豆子的这一行为表达了对妈妈深切的恨和对被接纳的强烈渴望。妈妈的妓女身份给小豆子的生活带来了太多屈辱，但妈妈又是生活中唯一能够给予他温暖、安慰和照顾的人，也是他爱和依赖的唯一对象。尽管妈妈也是万般无奈和不舍，但她还是为了小豆子以后的生计把他送进了戏班，只不过年幼的他无法理解妈妈。突然间，妈妈成了戕害他的身体并抛弃他的人。这激起了小豆子对妈妈的恨，于是他摧毁了妈妈留给他的代表爱和温暖的大氅。然而，小豆子还是渴望着新的生活，他毁了大氅这一行为，也是在向同伴表示，"我和窑子没关系了，你们接受我吧"。只可惜，年少无知的孩子们并没有向小豆子敞开胸怀，而是继续取笑他："窑子里的衣服掉火里了。"这让自尊心本就受损的小豆子变得更加愤怒。这时，小石头（段小楼）——今后深深影响小豆子生命轨迹的人——以英雄救助弱小落难者的形象登场了，他向小豆子张开了怀抱。

小石头是大师兄、孩子王，他豪侠仗义，在孩子们中拥有绝对的权威。他一来就责问道，"你们是不是欺负他来着"，接着邀请小豆子睡到他的身边，小豆子在防御性的愤怒下拒绝了他的邀约，他不以为意，还帮小豆子整了一条御寒的被子，让小豆子睡在他自己愿意的地方。小石头的热忱、接纳和尊重开始触动小豆子的心。在接下来的场景中，刚进戏班的小豆子像受刑一样被迫压韧带，小石头因主动帮他偷工减料而遭受鞭笞，小豆子感动得流下了眼泪。然而，刑罚还没结束，小石头还得在冰天雪地里跪举水盆到深夜，当小石头踉跄着回到屋里时，小豆子把小石头身上冻成冰的衣服掰开，用自己的身体给小石头取暖，如同电影《神话》中的高丽公主解衣为被冻僵的蒙田将军取暖一般。接下来出现了影片中最为温馨、动人的一幕：两个孩子相依而眠，小豆子侧着身，脸冲着小石头，手放在小石头胸前，宛如一个小妻子，既安心地依赖着丈夫，又守护着他和他的心灵。英雄救美，而后美人以身相许的故事千古传唱，其实这在一方面重现了我们无意识中早年母婴互动的美好情景。母亲悉心地照料着柔弱的婴儿，犹如英雄救助陷入困苦境地的美人。在母亲感到疲惫、沮丧时，婴儿的笑犹如冬日里的阳光，扫尽母亲心中的阴霾。婴儿也在用自己的方式回报、照顾着母亲，如同美人用以身相许的方式报答救助她的英雄一般。"女子本弱，为母则刚"，我们时常歌颂母爱的伟大，却忘了其实是柔弱的婴儿使一个平凡的弱女子变成一个伟大的母亲的，就像美人用柔情刻骨换来英雄的豪情天纵一样。这是内心深处的相互依赖、为彼此而在，而又相互滋养的联结："我心中，你最重；恩爱共，生死同。"我们大部分人都经历过这样的联结，随着人事的增长，我们会逐渐脱离与母亲的共生状态并成长为独立的成年人，我们的世界里除了母亲外还有一个更为广阔的世界，尽管我们在意识中不再那么真切地体会到对母亲的依赖和渴望，但这样的联结会沉淀在我们的心灵深处，无意识地推动着我们前行。我们为英雄和美人的故事而激动，但英雄和美人最终不得不分离的悲剧也令我们心醉和神伤，就像电影《神话》中的高丽公主在古墓中痴痴地等着永远也等不到的蒙田将军一样，凄美而又令人神往。正如电影《神话》的主题曲《美丽的神话》中所唱，"梦中人熟悉的脸孔，你是我守候的温柔……几番苦痛纠缠，多少黑夜挣扎，紧握双手，让我和你再也不离分"，我们在电影中重温那份心与心相融相依的感动，更在电影中感伤、怅惘那逝去的美好时光。我们变得独立、强大了，却不愿、不能也不敢再轻易承认、表达自己对别人的依赖和渴望。其实，人与人之间本是相依相存的，依赖和渴望是寻求联结的表现，是爱的一种表达方式。压抑依赖和渴望，也是在压抑爱。

青春期的性别认同

失去了妈妈的小豆子把自己的爱都投注在了大师兄小石头身上，他深深地依赖着大师兄，按照小癞子的话说，"离了小石头，你就活不了"。冬去春来，小豆子在戏班的鞭笞声中和小石头的陪护下，长成了豆蔻少年。青春期是人生的重要成长阶段，这个阶段的一个重要的成长任务是"身份认同"，包括性别认同。对一个男孩来说，要认同自己的男性身份并成长为男人，除了与生俱来的生物属性，社会环境和社会文化对其身上的男性品质的认可、镜映和欣赏也非常重要。在这个男孩的成长过程中，一个能够让他尊敬、羡慕、理想化的男人——通常是父亲，也可以是其他男性成员——不仅可以为他提供榜样，成为他认同的对象，还能引导他、陪伴他，以看待男人的眼光来看待他。最终，这个男孩会慢慢获得并确认自己的男性身份。

　　再看看我们的小豆子，在他的成长环境中，没有人接受、认可过他的男孩身份（更别说男性身份了），也没有人给他提供一个可以认同的对象，青春期的小豆子就这样在矛盾中挣扎着。在妓院出生、长大的小豆子是被当作女孩养大的，而他的男孩身份也是他被妈妈"抛弃"的重要原因——"不是养不起，实在是男孩子大了留不住"；进了戏班以后，小豆子又因为长得清秀而被训练成为旦角，并被要求具有女子的柔弱、妩媚和妖娆，他没有一个能帮助他成长为男人的环境。小豆子不知道他的爸爸是谁，很可能他的妈妈也不知道，幼年时他看到的男人都是买笑寻欢的嫖客。进了戏班以后，他面对的是逼他练功、不停地体罚他的师傅。尽管那时的小石头已经颇具男性风范，但小石头在小豆子心中更多的是一个英雄的救助者身份，小豆子在小石头的心中也更多的是一个需要他帮助的弱者的身份，而不是一个和他有着相同地位的男性同伴身份。小豆子没有一个可以认同的男性对象。于是，处于青春期的小豆子在矛盾中为自己的男性身份认同苦苦挣扎着。在《思凡》这一折中，他扮的是小尼姑，但他坚持唱"我本是男儿郎，又不是女娇娥"。因为他的内心是混乱且不确定的，而这个男性身份对他又是那么重要，所以他一定要用这种形式上的坚持来守住内心对自己的这点儿"不确定"的认可。只可惜，没有人能够理解小豆子的痛苦，包括最亲近的大师兄小石头在内，他也认为这只是一句台词而已。当一群困苦的青少年讨论什么东西好吃时，小豆子在孤独中迷茫、思量着。

为了保护自己的男性身份，小豆子逃离了戏班。在逃离的途中，他阴错阳差地看到了已经成为名角的戏子（也就是他的前辈）受到追捧和欢迎的盛况。这种追捧和欢迎的程度堪比周杰伦加上费玉清开演唱会，雅俗共赏、老少咸宜。戏迷、歌迷在明星身上感受到自己所珍视、崇拜但又不确定自己是否及能否拥有的品质，其实这些品质在戏迷、歌迷身上也存在，只是他们没有在意识上感受到，而是无意识地把它投射到了明星身上，因此他们对这些品质的膜拜也被转移到了对明星的追逐和崇拜上。而明星认同了这些投射过来的东西，也认同了自己在戏迷、歌迷心中的优越地位。在排山倒海的喝彩、尖叫、欢呼声中，明星不仅强烈地体验到自己被接受、被喜欢、被认同，以及无比尊贵的价值，还体会到一种至高无上的权力。台下的小豆子看到了这一盛况，也看到了舞台生活可以给他提供的前景，这将洗刷他从出生以来所蒙受的所有歧视和羞辱，而那些被拒绝、被伤害、被鞭笞的体验也将得到补偿，更重要的是，他将在别人的承认中体验到自己的价值。

我们每个人来到这个世界上，不需要做什么或成为什么，就可以享受存在本身所赋予我们的生存的权利和喜悦，体验到生命本身所具有的价值。这是老天爷给予我们的，任何人都不能剥夺，但是我们通常需要从他人对我们的无条件接纳中感受到自己作为一个人本身的权利和价值。小豆子一直是个不受欢迎的不祥儿，他作为人本身的价值从来没有被承认过，连进入戏班都要付出被妈妈抛弃和身体被戕害的惨重代价。一个价值失落的人的内心是非常空虚的，这种空虚所带来的痛苦超过了对男性身份认同的执着，因为一个人首先得是一个人，然后才是男人或女人。观众席上的小豆子泪流成河，他毅然决然地重返戏班，尽管他知道等待他的刑罚可能会要了他的性命。

小豆子在决定重返戏班时，已经把男性身份认同放在一边了。但人总是免不了对内心珍视的东西多一份执着。在戏班的经纪人那爷考小豆子《思凡》时，小豆子又无意识地把"我本是女娇娥，又不是男儿郎"唱成了"我本是男儿郎，又不是女娇娥"，这使得戏班可能会失掉一宗大生意，失掉生意也就是失掉生活来源，小豆子这下又得倒大霉了。为了帮助小豆子免受更大的惩罚，平时一直对其爱护有加的小石头发狠了，他用烟斗捅得小豆子口腔出血，并说道"我叫你唱错，我叫你唱错"。大师兄并不理解小豆子的内心对男性身份认同的迷茫和挣扎，对他来说，这只是一句台词；但对小豆子而言，大师兄在他的心目中无异于天，其行为等于给他下了道指令——"放弃你的坚持和挣扎，戏叫你做什么，你就做什么"。小豆子发蒙了，等他回过神来，事情已经发生了根本性的转变。在众人的紧张等待和期待中，小豆子一改之前唱《思凡》时的生涩，变得婉转而妩媚，"我本是女娇娥，又不是男儿郎"——小豆子入戏了，入戏后的小豆子想在现实中寻找自己的男性身份就变得更加困难了。

真正将小豆子完全推向舞台、远离现实生活的事件是遭受张太监的性虐待。那是小豆子和小石头第一次唱《霸王别姬》，小豆子扮演婀娜妩媚、从一而终的虞姬，小石头扮演英雄盖世却穷途末路的项王。演出获得了成功，两个孩子沉浸在喜悦中，小豆子许诺将来要将张府中的宝剑送给小石头。接下来，两个孩子蹦蹦跳跳地前去领赏，那是影片中的小豆子第一次也是最后一次表现得那么活泼。接下来的遭遇改变了小豆子的一生。张府只要扮演虞姬的小豆子，在师傅的无奈和大师兄的不解中，小豆子被强制背进了一个可怕的地方，带着害怕和迷茫独自面对等待他的悲剧。接下来的场景比舞台还要不真实，却又是现实。在昏红的灯光下，一个着肚兜、披纱衣、不男不女、涂脂抹粉的老太监在玩弄着一个女人，女人被叫走了，小豆子留了下来。处于恐惧中的小豆子想要小便，于是老太监拿了个玲珑剔透的壶让小豆子当着他的面小便。小豆子真这么做了，那是他在影片中第一次表现出男性的特点，只可惜也是最后一次。变态的老太监尊崇男性身份，却在接下来对小豆子的性侵犯中彻底摧毁了小豆子的男性身份认同，在更深的地方，也摧毁了小豆子作为一个人的自我意象。多年以后，蝶衣控诉道，"我早就不是什么东西了"。小豆子一直很少得到别人对他作为一个人的接受和认可，这一事件更是摧毁了他内心深处的自我认同。在性虐待事件中，受害者往往在情感上背负更多罪责，而作恶者却能逃避良心的谴责。受害者在现实中无力反抗比自己强大的作恶者，只能将所有罪责背负在自己身上，认为是自己不好才带来了灾难。这在幻想层面给自己带来了逃离苦难的可能性，因为如果受害者认为是自己不好的，那就还有改变的可能性，自己改变了就不会遭受苦难了；而如果受害者认为是作恶者不好的，那就没办法改变了。作恶者往往也难以承认自己对另一个人犯下了罪行：一方面，作恶者在代偿性的报复中"修复"了他自己曾经遭受的创伤；另一方面，如果作恶者承认自己对另一个人犯下了如此可怕的罪行，那么这种痛苦和内疚也是他无法承受的。

受创后的小豆子拒绝了大师兄所有关切的询问，大师兄救不了他，也安慰不了他。但是，他找到了一条自我救赎的路——收养城墙下的弃婴。他自己就是这个世界的弃儿，不停地被拒绝、抛弃和伤害，现在他自己要成为拯救者。他在现实世界中的自我意象已经被摧毁，但这个新生的小生命将延续他的现实生命；从另一种意义上讲，抚养这个小生命也是他在心中重建生活中美好、善良的东西。在此，我不禁感慨小豆子骨子里的执着、善良和坚强。无论如何，那时的小豆子在现实中已找不到立足点，在绝望中，舞台成了他唯一的救命稻草。我们看到，流泪的小豆子耳边回响着进入戏班的誓言："人生于世，当有一技之长……他日名扬四海，根据即在年轻。"

成年期的爱恨纠缠

　　时光荏苒，我们再见到小豆子时，他已经成了她——程蝶衣，莲步轻移，顾盼生辉。她演活了舞台上的虞姬、杨贵妃、杜丽娘等众多婀娜妩媚的女子形象，少年时重回戏班前许下的愿望已然实现，她成了超级巨星，受到万众追捧，风光无限。可是，她的世界里只有舞台，现实中的一切在她眼里，不过是舞台的延伸。在碰到因日本侵华而上街游行的学生时，她的反应是"领头的那个唱武生的倒不错"，对于侵华的日本将领，她的评价是，"如果青木活着，京剧就传到日本国了"。因为现实环境给她带来的伤害超出了她的承受范围，为了保护自己，她完全退缩到自己的世界中，成了幽闭世界的舞者。她没有能力感受到现实社会的波澜，也没有办法把他人当作有着独立意志的个体来对待。作为个体，每个人都有自己的情感、需求和愿望，有自己的生活道路。但是，蝶衣不能也不愿意明白这个。在她眼里，别人是为她的需要而存在的，特别是在这个世界上对她最重要的人——大师兄段小楼。她希望大师兄跟着她唱一辈子的戏，少了一年、一个月、一天、一个时辰都不行。她希望与大师兄一起生活在一种共生状态里，就像刚出生的柔弱婴儿和母亲生活在共生状态里一样。她不完整，所以她希望大师兄也是不完整的，但两个人时时刻刻在一起，就可以创造一个完整的共同体。我相信一个人格较为成熟的人如果处在小楼的位置，会感到窒息和愤怒，也会努力挣脱这样的束缚。但从蝶衣的角度来看，她是在无助和绝望中拼命地抓住小楼，没有他，就没有舞台上的霸王，她也就成为不了从一而终、与霸王生死与共的虞姬；而没有虞姬，蝶衣的价值就得不到充分的体现。《霸王别姬》是他们的成名之作，更是他们的巅峰之作。更重要的是，大师兄是她悲惨生活中唯一的爱恋和温柔。蝶衣在很长的一段时间里享受着这种虚假的共同体生活，她和大师兄朝夕相处，台上一起唱戏，台下一起排练。但是，这种形影不离的生活在他们步入成年后便出问题了。小楼是个心智成熟的成年男子，他的界限很清晰，戏是戏，生活是生活。他有一个成熟男人对女人和家的渴望，这种渴望与蝶衣对他的需要是相悖的，需要的不一致导致了二人关系的冲突，而菊仙的出现成了二人关系的转折点。

菊仙是花满楼的头牌妓女，性格豪爽，做事果断。她不满酒客们的轮番调戏而声称要跳楼，小楼接住了因接受他的邀约而跳下楼的菊仙，并且为了圆场，他称那天是他和菊仙的大喜之日。那原本是豪侠仗义的小楼的逢场作戏，但厌倦了风尘生活的菊仙抓住了这一机会，决定跟着小楼过日子。她洗尽铅华，布衣光脚地来找小楼，称"花满楼不留许过婚的人"。她是个聪明的女子，深知柔弱、悲凄能打动仗义的小楼。果然，小楼马上应承了这门亲事，并决定当晚成婚。这下蝶衣不依了。她拿了一双鞋丢给菊仙，希望她打哪儿来便回哪儿去。此时的蝶衣信心满满，她以为她的决定就是小楼的决定，从这儿我们可以看到，蝶衣其实并不了解她的大师兄，也不清楚自己和他们之间的关系在大师兄心中的位置。她的世界就是舞台，舞台上占据核心地位的是大师兄，她可以为了大师兄争取一切或放弃一切，只要大师兄时时刻刻在舞台上陪伴着她。她认为也希望大师兄能以同样的方式对待她。但对小楼而言，舞台只是他的职业生涯、他生活的一部分，霸王只是他扮演的一个角色。"假霸王"和"真虞姬"在生活中的冲突就此不断上演。

影片最早展现他们冲突的场景是小楼为解救菊仙而许婚的事被蝶衣听到了，她因吃醋而质问小楼，尽管小楼解释那只是应急之计，并乐滋滋地跟蝶衣推荐这种令人快活的法子，蝶衣却勃然大怒，将桌子上的东西都扫到了地上。蝶衣的愤怒源于她作为生理上的男人在这方面没有需求和能力，更重要的是，小楼可以在舞台之外、在女人那里找到快乐，而这种快乐是她所不能提供的。与其说是小楼的背叛，不如说是她自己在舞台之外作为一个"女人"的无能令她感到愤怒。我们看到蝶衣内心对在生活中与小楼之间的"男女关系"是非常没有安全感的，她渴望的是像舞台上的霸王与虞姬那样从一而终的关系；而小楼则坚定地把蝶衣放在师弟的位置上，因此他不能理解师弟在他和菊仙交往、成婚后的种种行为。接下来就是菊仙来找小楼，让他兑现承诺的场景，小楼不顾蝶衣的阻挠和哀求应婚离开后，蝶衣一个人绝望而无力地瘫坐在椅子上。我们看到人前风光无限的蝶衣，内心却非常脆弱，对挫折的耐受性很差，情感反应强烈而极端。但她的脆弱只留给自己，她在人前展示的只有她的勇毅。蝶衣是从来不讨饶的，当她还是小豆子时，逃跑回来后师傅往死里打他，小石头苦苦哀求他向师傅求饶，但他始终牙关紧闭并默默忍受着。他以一种受虐的方式向自己证明一种力量："如果我能够忍受惩罚者、施虐者给我施加的苦难，我就超越了这些苦难并拥有比施虐者更强的力量"。这是一种阿 Q 式的心理防御，它抵御了面对压迫者、施虐者时无能为力的无助感和无能感。

对蝶衣的表演及蝶衣本人极为欣赏的戏霸袁四爷在此时救了她。在生活中失意的蝶衣在袁四爷的倾慕和欣赏中及虞姬的角色里又寻得了一丝生机。她在袁四爷那里找到了她多年前许诺要送给大师兄的宝剑，那是在张府，她与大师兄第一次登台演出《霸王别姬》并获得成功之时。当时，大师兄拿着宝剑，戏言道："如果我是霸王，那你就是我的妃子了。"言者无意，听者有心。对蝶衣而言，那简直就是小楼的一句厮守终身的承诺，因此她多年来一直在苦苦寻觅那把剑。

　　蝶衣兴致勃勃地拿着剑来到小楼的婚礼上，希望他忆起当年的承诺。时间对蝶衣来说仿佛凝固了，她一直活在那时那地的情景和幻想中；但对小楼而言，时间是流逝的，他活在现实的人事变迁中。小楼说："又不上台，拿剑干什么？"这深深地刺痛了蝶衣的心，她失望到了极点，留下了一句话："小楼，从今往后你唱你的，我唱我的。"她要与小楼决裂。蝶衣要求的是大师兄无论在什么时候、什么样的情境下都把她放在第一和唯一的位置上，这是他们之间关系的性质和维持这一关系的必要条件，否则大师兄就是背叛她，他们的关系也就得中断。婴儿在与母亲的二元关系中看不到第三者的存在，也容不下第三者。婴儿很弱小，其自身的存在感还非常虚弱和不确定，因此他感到非常恐惧，需要母亲给予他安全感，他也通过与母亲的关系来塑造自己的世界和自我意象。他的世界里就只有母亲，他也投射性地认为母亲的世界里就只有他。当母亲全心全意地和他在一起时，他会感到安全、快乐、满足，这时母亲就是"世界上最好的妈妈"，这个世界就是一个美丽的世界，而他也是个幸福且有价值的人；但当母亲不在身边或不能满足他的要求时，他会感到挫折、沮丧、孤单、恐惧，恐惧会激起他的愤怒和攻击性，但他在意识中感觉到的更多是自己原本的恐惧，愤怒和攻击性被他投射到了外界，因此这个世界变得可怕，母亲也变成了"坏妈妈"，他感觉自己成了一个不幸、被抛弃、无价值的人。婴儿的世界是分裂的，他没有办法整合不同时间、不同情境下对母亲和这个世界的不同意象，也没有办法整合与母亲的关系联结在一起的、对自己的不同意象。蝶衣没有整合和包容的能力，她的心理图式是一种"全或无"的模式，即要么全黑、要么全白，要么全有、要么全无，中间没有任何过渡。她不能理解，对大师兄而言，菊仙是他的老婆，但在师兄弟和舞台伴侣的位置上，她依然是最重要的。大师兄选择与菊仙成婚，在她看来就意味着大师兄抛弃了她，作为报复和维护自己尊严的方式，她选择别了"霸王"。有意思的是，蝶衣冲出小楼家时，正值日本人荷枪进城，蝶衣在现实中也真的把自己放逐到了一个危险的世界中。

此后，两个人的关系离离合合。在关键时刻，他们生死相助，但实际上，最终拯救蝶衣的，还是她出神入化的舞台表演。性情耿直的小楼因得罪了日本人而被抓，为了解救小楼，蝶衣为日本司令青木唱堂会，曲目是《牡丹亭》。原以为大师兄会就此回到她身边，没想到她等来的只是疾恶如仇的大师兄的唾沫，而经历了磨难的小楼也真正和患难与共的菊仙成了婚。蝶衣彻底没了指望，舞台上的《贵妃醉酒》也不能排解她心中的孤寂和伤痛，她开始沉迷在鸦片带来的虚幻快感中。离开了舞台的小楼也成了只会玩蛐蛐的闲汉。戏班的师傅把他们两个绑到一块儿后辞世。

后来，小楼为保护受欺负的蝶衣与国民党兵发生争执，怀孕的菊仙为保护小楼被打至流产，而蝶衣因曾给青木唱堂会犯了"汉奸"罪而被抓。菊仙希望小楼在救了蝶衣后和她一刀两断，痛失孩子的小楼应允了。一直害怕被抛弃的蝶衣在收到了大师兄的"休书"后，觉得生活愈发了无生趣。她不顾已经为她安排好的开脱之辞，坚称自己给日本人唱堂会并非被迫，这无异于将自己置于死地。一方面，这是她性格中对舞台的从一而终和坚定使然；另一方面，她也想通过死来控诉和报复大师兄对她的抛弃，她想让大师兄悲伤和内疚，所以她愤然地说"你们杀了我吧"，其实这句话是她转过头怒视着大师兄说的。

但是，命运又跟蝶衣开了个玩笑，另一场给国民党司令唱的《牡丹亭》再次救了她。两次救人的堂会，蝶衣唱的都是杜丽娘。《牡丹亭》中杜丽娘的形象是很有意思的，她因在梦中获得的爱情在现实中难以寻觅而感伤至死，之后又因获得了爱情而还魂，所谓"情不知所起，一往而深，生者可以死，死可以生"。蝶衣所渴望的感情也是无法在现实中实现的，而最后，她也是在死亡中再生她所追寻的情感的。

离开了小楼的蝶衣继续在现实中沉沦，慰藉她的是鸦片、心底留存的母亲形象，以及继续与大师兄相依相随的幻想。她在给心里的妈妈的信中写道："儿一切都好，大师兄对我处处体贴、照应，同往常一样，我们白天练功喊嗓，晚上登台唱戏。"可以说，这是蝶衣理想中的生活，与大师兄形影不离，大师兄总是在她需要时安慰、照顾和保护她。尽管妈妈抛弃了她，但在她的心灵深处，妈妈依然是关心、牵挂她的人。每个人都需要牵挂和被牵挂，如果心里没有装下任何人，生活和世界对我们而言都将是空洞而可怕的。但我们也看到了，即便对于心里的妈妈，蝶衣也是报喜不报忧，而她在离开小楼后其实是了无生趣的，在蝶衣心里，没有人可以真正与她分担心理上的困苦和忧愁。在少年时期，小豆子和小石头情逾手足，小豆子在临逃跑前，把自己"枕席底下的三个子儿"都留给了大师兄，全然不顾自己逃到外面后需要用这"三个子儿"渡过难关；而大师兄在看到回来的小豆子被师傅"往死里打"时，先是苦苦哀求小豆子向师傅讨饶，后来则是要和师傅拼命，不让他再打小豆子，他们之间的情谊极为深挚，令人动容。但是，即便如此，小豆子也从未与大师兄提及自己青春期的身份认同迷茫，以及遭受性虐待的心理创伤。

在蝶衣的生活中，没有能够引导和陪伴她心理成长的人，她也没有向别人求助的经验，因此她一直在孤独地承受着心灵深处的种种苦痛、寂寥和悲愁。在这里我们还看到，蝶衣对妈妈的感情是非常矛盾的。妈妈既是她心灵深处的安慰，也是她痛恨的对象。这在影片中不仅表现在小豆子烧毁妈妈留下的大氅上，也表现在她对菊仙的态度上。

蝶衣对菊仙是仇视的，这一方面当然是因为蝶衣认为，菊仙抢走了她的小楼，另一方面是因为蝶衣也无意识地把对妈妈的恨投射到了菊仙身上。当她们第一次会面时，一直表现优雅的蝶衣就对菊仙表现出了极大的攻击性和鄙视。大师兄给她介绍菊仙，她根本就不理睬，还砰地把门关上，然后又叫菊仙"不要洒狗血"；当小楼让她当证婚人时，她说"黄天霸和妓女的戏，不会唱"。她说这句话时，对妓女是非常蔑视的。但正如师傅所说，"（妓女和戏子）都是下九流，谁也不嫌弃谁"。蝶衣对妓女的蔑视出于她的个人原因。我们别忘了，蝶衣的妈妈就是妓女，这让蝶衣从小便尝尽了冷眼和欺侮，也使得童年的他不得不被妈妈抛弃。被抛弃的蝶衣遇到了小楼，但小楼如今又要被一个妓女给夺走了。这真是双重的恨。影片非常人性地让菊仙在蝶衣戒鸦片时充当了温暖蝶衣的妈妈。戒鸦片的蝶衣砸尽了一切可砸之物，包括她和大师兄的合影，而后颓然倒下，口中喃喃，"娘，手冷，水都冻冰了"。菊仙抓起床上的衣服裹住蝶衣，紧紧地拥抱她，泪水潸然而下。这一幕辛酸而感人。"娘，手冷，水都冻冰了。"这是蝶衣和妈妈说的最后一句话，在这句话之前，小蝶衣和妈妈的生活虽然艰辛，但妈妈还是给予了小蝶衣温暖和照顾；说这句话时，小蝶衣的心寒冷而充满恐惧，他在向妈妈求助。现在，心理情景重现，菊仙在此刻成了蝶衣的"好妈妈"，这在一定程度上也修复了蝶衣与妈妈之间的关系。因此，在下一个情景中，蝶衣戒鸦片成功，戏班的人前来庆贺，那是唯一一幕蝶衣、小楼和菊仙都在场，并且没有冲突，一派祥和、欢乐的场景。蝶衣似乎也准备开始接受小楼在舞台上与自己相依相伴、在台下的生活中还有菊仙的事实。只可惜，"文革"的到来还是让她的舞台梦破灭了。

由于蝶衣坚持她的京剧舞台理念，她收养的弃婴四儿打着"劳动人民"的旗号抢了虞姬的角色。不知情的她仍在备妆，于是后台上就出现了"俩虞姬一霸王"的情景。气愤的小楼决定罢演并携蝶衣离开，却因四儿的威胁和菊仙的请求留了下来。对小楼来讲，上台还是不上台成了一个选择情义还是选择现实的问题，而对蝶衣来说，这还成了小楼选择她还是选择菊仙的问题。众人将头饰依次传了过来，到了蝶衣手里，蝶衣把它戴到了小楼的头上。她不是支持小楼上台，而是在考验他。在众人紧张的等待中，小楼上台了，大家都松了口气，可蝶衣的心死了。小楼不仅在舞台外可以有别的女人，在舞台上也可以接受别的虞姬。之后，蝶衣闭门不见小楼，也不接受小楼的道歉。小楼让她服软，这样她就可以再次成为舞台上的虞姬了。蝶衣问小楼："虞姬为何要死？"因为要"从一而终"。当婴儿处在海洋般的、与母亲共生的状态（那是一种没有时间、空间、人际边界的融合至福状态）时，婴儿的世界里只有母亲，他认为母亲的世界里也只有他，而且两个人的世界是融合在一起的，没有距离，没有孤独。这是人在生命之初体验到的至福状态。随后，我们有了独立的自我意识，接触了更为宽广的世界，也慢慢地建立了自己的界

限，开始懂得距离、尊重和孤独。曾经的融合至福状态成了我们
心底的伊甸园，重返伊甸园就成了我们心灵深处隐秘而又强烈的
渴望。"从一而终"意味着眼里只有对方，那个唯一的"他"，从
生到死，这非常契合蝶衣心中对共生的渴望。我想，在小蝶衣还
是一个婴儿时，他的很多需求是妈妈没有办法满足或及时满足
的，因此他很早就体会到了挫折及与这个世界的距离，他那未被
满足的共生需求也变得固执而强烈。我们的文化也崇尚"从一而
终"，这是京剧《霸王别姬》所要传扬的理念。其实，"从一而终"
更多的是由男性主导的文化对女性的要求。在封建社会，当男人
过世后，女人如果就此守寡或殉夫甚至可以被当作楷模来嘉奖。
因为天生的孕育生命的能力，女性在整个怀孕和婴儿刚出生的阶
段，都在重新体验着早年的共生状态；而男性却没有这样的机
会，因此在文化上强化"从一而终"的社会价值，也在满足男性
对融合状态的需求。其实，成熟的爱情是两个成熟个体的心灵相
互滋养、共同成长的过程。两个有着独立界限的个体可以开放自
己的边界，与所爱之人分享自己的心灵花园，在与对方融合的过
程中扩展自己的心灵体验后整合对方的心灵养料及二人的关系，
从而获得共同的生命成长。这是一个可收可放、不断循环发展的
过程。慢慢地，这个融合的二人关系会变成两个独立个体的心灵
背景，成为推动两个人不断向前发展的基石和源泉。如果一方离
开人世，另一方也能够带着整合的内化关系和曾经的共同经历继

续前行，完成他／她自己的生命旅程。仅停留在融合的共生状态，无法彼此独立和分离，则是一种退行。蝶衣是以舞台为生的，她在舞台上创造了无数光彩照人的形象，但当她的舞台理念未被认可，并且当她在舞台上与小楼"从一而终"的梦破灭后，她选择了毁灭——将所有的戏服付之一炬。这在表面上是她非黑即白的分裂心理状态的体现，是偏执；而在她的内心深处，这是她保存心中所坚持的美好东西的方式，是一种执着。在汉语中，"偏执"是偏向地执取一端，带有贬义色彩；而"执着"是坚定地执取一点，带有褒义色彩。实际上，它们只是代表了同一问题的不同侧面，人们赋予了它们不同的"意义"而已。

"文革"的到来，给人的心灵和人际关系带来了更大的冲击和破坏。为了自保，人与人在互相揭发、"撕咬"着。蝶衣和小楼自然也无法幸免，他们被当作反动戏霸押到了批斗会上。向来生活在现实中的小楼在巨大的压力下，当着蝶衣的面揭发了她和菊仙，彻底摧毁了她心中的霸王和她的希冀。在火光中，蝶衣的妆容显得扭曲而丑陋，她踉跄着站起，称"我要揭发，要揭发断壁残垣，要揭发姹紫嫣红"。这难得一闻的揭发序词，显示出蝶衣的心理生活并没有与现实生活接轨。她认为，他们走到如今这般田地，与现实无关，罪魁祸首其实是菊仙。在他们三人的纠缠关系中，小楼是蝶衣心中爱、依恋、理想化的客体，菊仙则是蝶衣心中恨、攻击、嫉妒、贬低的对象。蝶衣无法同时在同一个人身上体会到不同的情感，她不具备这样的情感整合能力，因此她为了保存好的客体——大师兄段小楼，只好把坏的全归咎到菊仙身上。而且，蝶衣内心对自己能否保有生活中美好的东西是非常没有信心的。菊仙是个有情有义的刚烈女子，她已经预感到，当风暴来临时，小楼会离她而去，事实也的确如此。有意思的是，菊仙在一定程度上也把生活中的不顺和噩运归咎到小楼和蝶衣一起唱戏上，只是她给予了蝶衣很多理解和包容，而不是像蝶衣那样仇视她。她穿着嫁衣主动离开人世。她并不后悔嫁给小楼，她被正式迎娶入门是她生命中的一道美丽风景；临走前，她把象征着蝶衣和小楼关系的那把剑交还给蝶衣，她欲言又止，悲凉、无奈、惋惜等各种滋味难以言尽。菊仙走了，留下了小楼和蝶衣在痛苦中互相厮打……

化蝶归去

如果说紫色是受创伤的灵魂，那么蝶衣必是浓得化不开的墨紫，他遭受了人世间所有的心理和生理创伤：妓女的儿子、在歧视中长大、不知道爸爸是谁、被生切了畸指后又被相依为命的妈妈抛弃、在戏班饱受躯体虐待性的责罚、青春期时遭受性虐待、亲眼看到同胞被枪杀、被当作汉奸投入监牢并面临死刑、戒鸦片、被迫离开心爱的舞台、在"文革"中被批斗。然而，紫色又是高贵的颜色。即便遭受如此深重的创伤，蝶衣还是顽强地在这世上生存着，依然保留着心底的那份善良、美丽和追求。在给因害怕受罚而自杀的小癞子送行时，饱受苦难的小豆子将手中带花苞和绿叶的树枝放在了小癞子身旁；在遭受张太监的性侵犯后，小豆子收养了被弃于城墙下的四儿。成年后的蝶衣与大师兄的关系百转千折，纠缠而又令人备受煎熬，但蝶衣依然为世人奉献了一个又一个风华绝代的舞台形象。

蛹化为蝶，翩翩起舞，她在自己的世界中"斑斓"，也在自己选择的世界中陨落。22年的沧桑岁月弹指而过，此时的蝶衣依然是当年的蝶衣，婀娜妩媚，摇曳生姿，时间和纷纭世事似乎没有在她身上留下太多痕迹；然而，此时的小楼，因昨夜东风，早已"不堪回首月明中"。他本就不是力拔山兮气盖世的西楚霸王，蹉跎岁月更是早已把当年血气方刚、路见不平拔刀相助的侠士磨成了一个摇首作揖的蹒跚老人。蝶衣永远失去了与其共舞的小楼。然而，机缘又让他们回到这个曾经共同的舞台上，唱起当年的《霸王别姬》。"君王意气尽，贱妾何聊生"，或者说"小楼意气尽，蝶衣何聊生"，悲伤的蝶衣选择了成为虞姬，永远与她的霸王相依相守，也永远留在了舞台上。年迈的小楼在露出一系列复杂的表情后，平静地叫了声"小豆子"。时空交错，我又看到了当年那温馨的一幕：小豆子和小石头相依而眠，小豆子侧着身，脸朝向小石头，手放在小石头胸前，安心而满足。

✳

让风继续吹

不忍远离

心里极渴望

希望留下伴着你

第三篇　折翅下的希冀

——《狗十三》

✳

悲伤逆流成河

孤独如影随形

我的恐慌

谁人与诉

由 1988 年出生的焦华静根据自身经历编写、曹保平执导的电影《狗十三》，于 2014 年荣获第 21 届北京大学生电影节最佳影片奖、第 64 届柏林电影节新生代单元·水晶熊单元国际评委会特别奖。这部电影于 2013 年 10 月 11 日在华语青年影像论坛上映，于 2018 年 12 月 7 日在中国正式上映。第二次观看这部电影的时候，我依然泪流满面。谨以此文祭奠我和我们青春年少的岁月。

失色的依恋保护

从电影中，我们无从得知 13 岁的少女李玩的父母是何时离异的。爷爷对爸爸说，李玩从小是他养大的。妈妈只在电话里出现了不到一分钟，不仅没有影像，连台词都没有，甚至不知身在何处，我们只有通过李玩的爸爸及李玩与她的对话猜测她大概说了什么。也许是因为李玩的爸爸告诉妈妈，李玩获得了物理竞赛省级一等奖，而且是全省第一名，并由此获得了保送高中的资格，妈妈打来了电话，但这个电话似乎只是出于礼貌，而非由衷地为孩子感到欣喜和骄傲。李玩平静地与妈妈说了两句话："喂，嗯，谢谢妈妈"和"嗯，我知道"。"谢谢"大概对应的是妈妈的恭喜，"我知道"大概对应的是"要听爸爸、爷爷、奶奶的话"。如此淡漠、疏离！

第一只宠物狗"爱因斯坦"走丢后，李玩在冷天里顾不上穿外衣，满心焦虑与害怕地跑出去疯狂寻找。堂姐说："说不定你回家就看见爱因斯坦回来了。"李玩愤怒地说："我就从来没见过走出家门还能回来的！"这是在说她妈妈！但愤怒之下，是李玩深深的悲哀。她是一个从小被亲生妈妈抛弃的孩子，也在情感上被爸爸抛弃——因为工作忙，爸爸让爷爷、奶奶照顾李玩。这在成年人看来情有可原，但在幼小孩子的感知里呢——"是不是爸爸也会抛弃我？"她上初中了，爸爸居然一点也不知道她不能喝牛奶！在电影中，李玩从来没有在自己家（亦即爸爸的家）里出现过，至少在弟弟出生前后的三年间，她从来不被允许进入曾经属于她的家。那个家里还有她的房间、她的位置吗？是的，爸爸再婚后，她已经从由爸爸与继母组成的家中被排除在外了。

在传统意义上，爷爷、奶奶是爱李玩的，他们在物质上也尽心地照顾着李玩；爸爸也算爱李玩吧，至少从他自己的角度看，他认为自己是为了李玩好。但从始至终，在那些重要关头，有谁真正在意、尊重过李玩的态度？又有谁尝试着倾听、理解她内心真正的情感需求？他们有这个意识吗？爸爸在粗暴地改掉李玩的志愿并把李玩暴打一顿后，仍在继续诉说自己的不容易和痛苦，并不断强调自己是为李玩好，他既没有给李玩任何表达自己的空间，也没有询问、倾听过李玩情感上的痛苦。李玩听得最多的话有两句：一是要听话、懂事，大人所做的一切都是为她好，她要理解大人；二是学习成绩要好。可又有谁来理解、涵容李玩呢？谁才是情感意义上的大人？所以，敏感而又善于深思的李玩问高放："这世上有没有真正的大人？"她内心的答案是否定的，因为她从未感受到。

人天生需要依恋，这不仅是情感联结的需要，也是生存的必需品。年幼时饱经母亲的忽略之苦、长大后变得抑郁的美国心理学家哈利·哈洛（Harry Harlow）用关于铁丝母猴和温暖、有绒布包裹的木制母猴的恒河猴试验，证实了人类对爱的需求——具体为对抚摸、情感照顾和保护的需求——是保证身心健康的必要条件，而非"有奶便是娘"。被称为"依恋之父"的约翰·鲍尔比（John Bowlby）提出了依恋理论，认为养育者和被养育者之间存在一种特殊的情感联结，被养育者在悲伤、有压力、脆弱、恐惧时会寻求养育者的安慰和保护，这是人类在漫长的进化过程中获得的具有生物基础的生存智慧，而且是从"摇篮到坟墓"的持续一生的需求。鲍尔比的学生、依恋之母玛丽·安斯沃思（Mary Ainsworth）通过陌生情境实验，将婴儿的依恋类型分为安全型、焦虑–矛盾型和回避型。一个人的依恋模式在婴幼儿期被塑形，如果在成长过程中没有重要的、能满足情感需求的好的照顾者出现，这样的依恋模式就会持续到成年。

当孩子对情感抚慰的渴望一直得不到满足时，在一次次的失望甚至绝望后，为了保护自己不再受伤，孩子会表现出对所期待的照顾者无所谓的态度，无论照顾者是离开还是归来。这是一种回避型依恋。在弟弟两岁的生日宴上，李玩拿开了堂姐李堂安慰她的手；二人在街上偶遇第一只爱因斯坦，为了保护爱因斯坦，李玩没有上前相认，并在李堂面前故作轻松，但在匆匆离开、独自一人时，她却失声痛哭。李玩在人的世界里所呈现出来的，主要就是回避型的依恋模式，正因如此，她才会在两只爱因斯坦身上倾注她内心最柔软、最脆弱、最坚强的部分及真挚的情感。失去爱因斯坦和家人，以及爸爸对待她的方式，令她心神俱碎，并一步步抽走了她坚持自我的活力和韧性。为了生存，在控制和暴力下，在内心一次次的恐惧胁迫下，她屈服了。在感到惊愕、无措并压抑了愤怒后，李玩平静地吃下了狗肉，无声地完成了对青春的祭礼，无尽的悲哀只能在她心中沉默地翻滚。她吃下狗肉的那一刻，让我不由自主地联想起小豆子在被小石头用烟枪捅喉咙后婉转且流畅地唱起的那句"我本是女娇娥，又不是男儿郎"，她和小豆子的心都在滴血，为了生存，他们都祭出了曾经不惜拿命守护、珍视的自己的一部分。小豆子周遭的众人在狂欢，如同李玩的爸爸随后在车上激动得亲吻李玩一样——"你长大了，懂事了，是爸爸的骄傲！"

乌云笼罩的天空亦时有霁色

在影片的开头，李玩长时间自言自语地比较着选择物理兴趣班还是天文兴趣班。这两个都是李玩发自内心热爱的学科，但她的眼神和面部表情中流露出一股如影随形的忧伤。长时间的自言自语让孤独感扑面而来；她的比较都是从不好的方面进行的，她还做了如果物理兴趣班选不上，自己还可以参加物理竞赛的准备。被妈妈抛弃，被爸爸忽视，被寄养在爷爷、奶奶家，从小到大情感被忽略，已经让这个13岁的小姑娘习惯了习得性无助、渴望而不可得、无人可以商量和分担、负性预期，以及自我无法消化的结果。尽管她的眼神中还是会流露出一些顽皮的神色，但总体上她就像一个有点蔫的花骨朵。

在李玩自言自语时，有一个中断她自言自语的特写镜头：她对着镜子，张大嘴看自己用金属牙套矫正的牙齿。牙齿代表了攻击性，青春期的攻击性也彰显着自我意志和自主性。但李玩的攻击性被金属牙套套住了。随后，在英语张老师看似建议、实为明示的影响下，爸爸强行把李玩纠结半天选定的物理兴趣班改为她不喜欢的英语兴趣班。李玩虽然不满却也只能顺从，爸爸像哄小狗一样，认为给点钱（骨头）她就应该高兴。李玩拒绝了爸爸的钱，在爸爸看不见的地方啜泣。这个在粗暴的控制下屈服、顺从的主题，贯穿了整部影片。此外，正畸是为了美，但这是否也意味着，不符合成年人期望的就是"畸"呢？李玩的爸爸强行更改她的意愿，是因为他听张老师说，英语考进前十名就可以被保送高中，而最后李玩获得物理竞赛全省第一名也被保送高中了，成了全家的骄傲。所以，对李玩的家人来说，重要的是结果，李玩喜欢什么根本不重要。13岁的小姑娘喜欢看《时间简史》(*A Brief History of Time*)、思考平行宇宙，这些特别的才华和闪光点不仅不被看见，还被视为"偏科"，需要同畸齿一样被修正，整整齐齐如大人所愿。对大人来说，把英语学好，那才是美。

这个金属牙套的寓意，同影片多次呈现的李玩房间窗户的铁栅栏一样，即封锁和禁锢。她就像笼中鸟一样，载着满心的激情，想冲出牢笼到达外面自由的天地，最后却只能铩羽而归。影片的一张海报所呈现的画面，就如同整部影片的缩影：左下方小女孩的背影，孤独又黑暗，只占画面的一小部分；老旧的木质窗格呈现出大大的十字架，外面的铁栅栏隐约可见；窗外的大雨显示出心灵深处如大雨倾注般的悲伤。与小女孩的位置相对应的右侧黄色的"Einstein and Einstein"(爱因斯坦和爱因斯坦)，给这孤独、寂寥的画面一丝明亮的色彩；白色的大大的"狗"字，立在右侧正上方横着的窗格上，如同被钉死在十字架上一样；接着，白色的"十三"缓缓呈现。十三，13，满腔的沉痛和愤懑，都在"狗13"中了。在西方社会，"13"是一个不祥的数字。13，也意味着背叛、死亡与献祭。

孩子对父母的渴望是永不止息的，特别是对没有得到父母之爱的孩子来说。为了让爸爸高兴，李玩的英语成绩突飞猛进，她很快考了95分，后来甚至考到年级第一名。李玩没有偏科，她只是不喜欢虚伪和漠视生命的张老师，如同她刚看到第一只爱因斯坦的时候，她是雀跃的，但当她听说狗是粗暴地修改她意愿的爸爸送来的时候，她马上就说自己不喜欢了。这时的李玩，依然有着青春期女孩所具有的直接与反抗、热情与迷惘、纯真与任性。

她会和爸爸怄气，吃饭时径自离开爷爷、奶奶到客厅看电视，以学习之名和堂姐等人到外面溜旱冰。她对青春期恋情感到懵懂并关注自己成长中的身体和作为女性性征的胸部，还会穿短裤露出大长腿等。影片呈现的时间是 2006 年，地点在陕西——一个不那么发达的中国内陆省份。李玩房间的墙上贴着两张海报。一张是加拿大歌手艾薇儿（Avril）2004 年的专辑 *under my skin* 的前卫海报：艾薇儿身着黑衣、滚黑边的红短裙、长皮靴，黑衣袖子上有个大大的红色 ×，海报上的艾薇儿眼神坚定且锐利地看着前方。另一张是枪花乐队主唱艾克索·罗斯（Axl Rose）帅气不羁的海报，这展现了李玩的另一面：一个紧跟时代潮流、血管里涌动着反抗不公的激情的少女，她就像被闷着的火苗，依然在热烈地燃烧。

李玩在孤独中也学会了自我滋养和自我喂养。影片特别细致地呈现了夜深人静时，学习完的李玩熟练地做自己喜欢吃的面——简单的清汤面——的场景。这很"李玩"，她给人的感觉也是清汤挂面般的朴素。在带着忧郁气息而又舒缓的背景音乐下，李玩在窗前把面拉得长长的，以便散热后吃下。拉得长长的面，是一种舒展。她一边吃面，一边好奇地听着类似鸟叫、又似烟花鸣放的声音——那是对自由的渴望、歌唱与庆祝。在整体压抑的氛围下，这段的电影语言显得松弛。似乎只有在夜深人静时，李玩才能享受独处的自在。电影多次展示的、李玩与其他人吃饭的场景中都没有陕西传统的面食。电影是否有意在说，"大人们"在适应、追上现代生活的过程中逐渐忘了本，就像弟弟昭昭的两岁生日宴上特别呈现的是蛋糕和蜡烛，而不是传统的生日面；而这个孤独的女孩在仰望星辰、思考平行宇宙时，也继续在日常生活中凭着本性的喜好，以传统的美味食品来滋养自己？这也与后面饭桌上大人们言之无味地高谈阔论传统文化形成了鲜明的对比。

与两只爱因斯坦的"血脉相连"

➤ 第一只爱因斯坦

日益亲近的孩子与玩伴

因与李玩的继母生了儿子而担心李玩难以接受的爸爸，送了李玩一只刚出生不久的小狗来哄李玩。而李玩以为，小狗是爸爸因为粗暴地改了她的兴趣班意愿才送的，其实爸爸根本就不认为这是个事儿。生活中有多少亲子间的隔阂与裂隙，就是由这样一件件在照顾者看来是为了孩子好、实际上却伤害了孩子的事情堆积起来的？爷爷、奶奶是从心底里排斥这只小狗的，奶奶直言："住人的地方怎么能养畜生呢！"爷爷即便已经开始带爱因斯坦去菜市场买菜了，对李玩给自己和小狗做一模一样的猪肝拌饭还是很不满，后来还无意识地把小狗给弄丢了。

小狗是有灵性的，从见到李玩的第一眼起，它就感受到了李玩从心底里对它的喜欢。而且，刚到一个陌生环境的小狗也会感到孤单、害怕，并对陪伴有深切的渴望，特别是在晚上。它锲而不舍地追逐着李玩，而李玩在它的眼睛里，看到了与自己内心深处相同的孤单、悲伤、害怕和孤苦无依，以及对陪伴的深切渴望。李玩内心的这些无可诉说的脆弱情愫终于有了出口，并与小狗深深地联结在了一起；同时，她也成了小狗期待的照顾者，在照顾小狗的同时，她也在照顾着心中那个脆弱的自己。李玩被打动了，她把小狗从自己房间的门外挪到了门内，又在小狗的呼唤下将它挪到了床边。她用手抚摸并安慰小狗，最后在小狗的呼唤下，她把小狗抱到床上与之同眠。少女和小狗逐步亲近起来，李玩也在这个过程中开始接纳自己内心的脆弱并与之亲近。在与小狗同床共寝后，李玩以伟大的物理学家爱因斯坦的名字为小狗取名，这是她对失去上物理兴趣班的机会的补偿，也是她接受她所认为的爸爸的道歉的标志；同时，她也把自己的物理梦想寄托在了爱因斯坦身上。她给爱因斯坦喂奶，就像妈妈在养自己的孩子一样，爱因斯坦可以享受她所没有得到的妈妈的照顾。李玩和她的弟弟都一喝奶就吐，这看起来像是基因的作用。但对李玩来说，是否也有被妈妈抛弃后拒绝母爱的心理因素在起作用呢？她内在脆弱的自己所丧失、渴望又愤怒地排斥的，通过获得爱因斯坦和对它的欣然接受，通过自己的给予，深深地得到了补偿。

爱因斯坦殷切地等待着李玩，并在她开门时撒着欢地奔向她，扒拉她的腿，然后趴在她脚下，就像孩子冲向大门并拥抱回家的妈妈一样。李玩在感到错愕、感动之后，蹲下来触摸并抱起小狗，亲昵地抚摸它，脸上露出由衷的微笑。这一刻，李玩彻彻底底接受了爱因斯坦。李玩感觉到，有一个生命是那么地渴盼她并一直在家等待着她的归来；这个生命与她是如此亲近，她对它是如此重要，这是她从来没有过的体验。她的内心被深深地震撼了。此前，她被寄养在爷爷、奶奶家，同一个城市的自己的家却不能回，这难免让她有种"家归何处"的飘零之感。现在被爱因斯坦如此强烈地渴望、等待着，让李玩有了种踏实的家的感觉。李玩会在吃饭时调皮地将食物向后扔给爱因斯坦，与爱因斯坦分享她爱吃的面，给爱因斯坦和自己做一模一样的猪肝拌饭，这时候的爱因斯坦，既像李玩的孩子，又像李玩的玩伴，它给她平淡的生活带来了无穷的欢乐。

影片中李玩穿的有黑底、红色可爱的动物图案、红色条纹的白色短袖 T 恤和黑色的吊带短裤，是她最清爽、俏皮的一套衣服了。李玩也不再像之前那样让人感觉神情忧郁、卑怯和不安。那一天阳光普照，一如李玩的心情般灿烂。她带着爱因斯坦，和爷爷说要一起上菜市场给爱因斯坦买猪肝。爷爷开始接受爱因斯坦，并主动去牵爱因斯坦，这让李玩更真切地感受到被全然接纳并融入家的感觉。李玩变得开朗、活泼，正值青春期的她开始关注自己的胸部，并和李堂一起嬉戏。只可惜，李玩的正常成长、成熟到此戛然而止。

痛失世间挚爱

爷爷带爱因斯坦到菜市场买菜时，解开了拴住爱因斯坦的绳子，并让它不要动，随后爷爷便自行买菜去了。结果可想而知，爱因斯坦丢了。全家没有一个人去找过狗，哪怕是象征性地找一下，他们只是想着怎么安抚李玩。爸爸对李玩的解释是"怕影响你学习"，我认为这句话至少部分地说出了大人们的担忧和心声。他们以为给李玩买双她喜欢的溜冰鞋，过段时间李玩也就好了，却完全不懂爱因斯坦对李玩的重要性。李玩质问他们有没有找过爱因斯坦后脱下溜冰鞋，顾不上穿外衣，只穿着一件单薄的白色短袖 T 恤，便不顾一切地冲出房间，在寒夜中疯狂地寻找爱因斯坦。李玩刚冲到街道时，俯视镜头下心焦如焚的她显得如此渺小，而那些交错的电线，就像恐惧的网一样罩住了她，也预示了前路的迷惘。电影在这里特地安排了一个细节，那就是李玩敲门请求一位大叔让她看看房间里的狗。然而，面对这个哭泣的小姑娘，大叔不仅不开门，还语带讥诮。他的确没有义务开门，但是，如此冷漠和防备，让人与人之间的距离变得遥远，这让爱因斯坦和李玩的亲昵与心灵相通显得更为珍贵，也让失去爱因斯坦的痛苦变得更加难以忍受。李玩把自己关在房间里，让巨大的摇滚乐声宣泄、隐藏她的痛苦，泪流满面的她在窗玻璃上写满了"爱因斯坦"，以表达对爱因斯坦无尽的思念与担忧。

李玩到处张贴着寻狗启事。这在爷爷看来几近疯狂的行为，让我感受到她强烈的恐惧。对失去爱因斯坦的强烈恐慌，也许也是她年幼时对失去妈妈的强烈恐慌的再现。在每个周末和晚上，她都黯然而又不懈地继续寻找着爱因斯坦。影片中有一个很短的镜头：李玩环抱双臂，坐在小小的有铁栅栏围着的窗台上，阳光洒落，映出斑驳的树影，却驱不散李玩心中的阴云；窗帘将她与家里的人隔离开来。而在这个镜头中，导演特地放了李玩的奶奶在进入李玩的房间后却看不见她时发出的一声叹息。环抱双臂、退缩到一个隐蔽的空间，这是人在受到严重伤害后的自我保护行为。此外，这个空间似乎在这个家中，又不在这个家中，这个家并没有给李玩涵容脆弱的空间，甚至连让她自我消化的时间和空间都没有。家人对爱因斯坦的冷漠，就像他们忽视李玩心中孤苦无依、脆弱无助、被抛弃、被放弃的感受一样。在某种程度上，失去爱因斯坦让李玩感觉这个家没有她的容身之处；而后面爸爸怒斥她"这个家容不下你了是吧？你走！"也让她原本的担忧有了现实的基础。成年人的气话，在孩子的感知和幻想中，却无比真实。

➤ 第二只爱因斯坦

从拒绝、报复到开始接纳

爱因斯坦走失几天后，李玩的情绪和行为反应对一个失去亲密伙伴的少女来说本是正常的，而且她也没有耽误家人所看重的学习。但在家人看来，她的表现很过分，需要被制止。他们没有给予李玩情感上的抚慰和理解，而是（由继母）想出了一个"李代桃僵"的法子：用另外一只狗代替，并硬要李玩承认那就是原来的爱因斯坦。原以为爱因斯坦真的被找到的李玩喜出望外，却因这番极其侮辱智商和感情的操作而震怒了。之前站在她那边的李堂，也在奶奶的示意下"懂事地"反水，这让李玩感觉自己在最需要支持的时候被最亲密的同辈玩伴捅了一刀，孤立无援。愤怒的李玩当场就要把这只冒牌狗赶走，却被爷爷以权威和摔伤的脚（这是由李玩在寻找爱因斯坦的过程中无意推倒爷爷造成的，对此她感到很愧疚）镇压下来，李玩只能悲伤地默默流泪。奶奶好心地让李玩和新的狗同样吃猪肝拌饭——这个象征着李玩和爱因斯坦之间深厚情感的东西——不晓却践踏了李玩和爱因斯坦之间的感情。李玩不想让这个冒牌货享受到这种待遇，于是她摔了装着猪肝拌饭的碗，留下一句"你们都是一伙的"后便夺门而出。

当晚，李玩被爸爸暴揍，尽管爸爸后来自说自话地道歉了，但恐惧，甚至是被死亡恐惧震慑的阴影，以及不甘与愤懑，还是留在了李玩心中。在接下来的一幕里，李玩在吃饭时尽管对电视上的内容还是很感兴趣，却不再像之前那样拿着饭碗径直走到电视机前，而是留在饭桌前，时不时撇过头看一下。她开始"懂事"了。她不再公开强调这只狗不是爱因斯坦，只是隐晦地表达美国的南瓜可以治疗糖尿病，中国的南瓜却对爷爷的糖尿病不好。这既是对爷爷的关心，也是在表达，爱因斯坦可以治愈她心中的伤痛，而这只新来的狗却只会在她的伤口上撒盐。然而，爷爷、奶奶都没有听懂她的言外之意。李玩以带新狗出去散步为由，想要丢弃它，她甚至想，如果这只狗摔下来死了，也算是为自己出了口气，自己不也差点被爸爸打死吗？她上课前把这只狗放在了空间非常小的、只能容下它身体的大门上。一个善良的爱狗的小女孩，却生出了这样的心思，着实令人心痛。但在课上，英语老师无情地杀死飞进教室的蝙蝠，让李玩心生不忍。她赶紧跑回去找这只新狗，而它还在原来的地方等她。愧疚、不忍、心疼，以及曾经共处危险之境的感受，让李玩开始在心里接纳这只新狗。李玩之前对它的拒绝和报复，在很大程度上是对家人欺骗的反抗；而在爸爸的绝对力量面前，她无法对抗，只能把愤怒发泄在狗身上。

害怕让她们紧密相拥

李玩两岁多的弟弟，拿着长长的晾衣服用的木衣杈，假装自己是金刚葫芦娃，把别人都当成老妖精一样攻击，但没有人教育他这种行为的危险性，父母甚至夸他"长大了，厉害了"。把奶奶的额头打出血后，昭昭却没有受到责备，李玩抗议并建议"昭昭要向奶奶道歉"，结果只遭到爸爸的一顿训斥。这种重男轻女的溺爱和放纵，对昭昭没有任何好处。李玩的感受又如何呢？她因对爱因斯坦的爱和思念所造成的无心之过而被爸爸往死里暴揍和羞辱，所有人都觉得她不懂事，爷爷甚至直接说"碎女子""死女子""爷爷、奶奶还不如一只狗"。爸爸家已经是弟弟口中的"我家"了，那爷爷、奶奶家呢？爷爷、奶奶对作为孙子的弟弟如此溺爱，而对李玩来说，爷爷、奶奶家本来就不是她的家，现在，这个家在感觉上是否更加不是"家"了呢？

弟弟攻击了小狗，小狗本来就被绑在厕所的角落里，只能以狂吠来自保，继母却说它"疯了，对娃胡喊"，要把它扔出去。这样颠倒黑白的说法却得到了家人的一致认可——昭昭有意打奶奶得到的是爸爸的安慰，这样的小祖宗怎能受半点委屈和伤害呢？爸爸先是试图用拖把制服小狗，后来又拿了个有罩网、大开口的紫色镂空垃圾桶，想要罩住它。前者是用棍棒压制小狗，后者则是以包裹、束缚的方式控制小狗。这让我联想到，家人对李玩的道德绑架——"都是为你好，长大了你就晓得了"——也是一种包裹和束缚。这些是大人们惯用的方式，不同的是，爷爷用的是言语上的"棍棒"，而爸爸是直接暴揍，这是被爷爷制止并压抑很久后的爆发。李玩坚定地两次拉住了爸爸，满脸悲伤地伸手慢慢靠近小狗。李玩在小狗的狂吠中看到了它背后的恐惧，一如她自己之前的倔强背后深埋的无人知晓、无人懂得的恐惧。李玩懂自己，也懂狗，她先用一只手、后用两只手一点点靠近和安抚狗狗，并带着哭腔说着"不怕，爱因斯坦，不怕"。随着这句话说出，李玩的眼泪夺眶而出。李玩知道面前的小狗不是之前的爱因斯坦，但这一刻，它和之前的爱因斯坦一样与她的心灵相呼应，她们都用倔强来掩饰恐惧，也都因非己之过而受到惩罚，甚至是被丢弃的惩罚。李玩自小就被妈妈丢弃了，有了弟弟后，她虽然在现实层面不会真的被丢弃，但在感受层面，她开始害怕自己会被丢弃。那句"不怕"既是在说给小狗听，也是在说给内心害怕的自己听。小狗在安抚下安静下来。爸爸却看呆了，他似乎不太理解这一切是如何发生的。有灵性的生物需要的是尊重、理解和懂得，倘若能给予这些，就不会有"狂吠地反抗"（就像大人眼中曾经的李玩那样）了。

在接下来的一幕里，李玩与第二只爱因斯坦同床而眠，李玩又有了新的心灵伙伴和生活中的陪伴者。这只爱因斯坦也享受到了最高待遇：李玩去菜市场给它买猪肝了。

致命的摧毁

买了猪肝后开心回家的李玩，却遭遇了致命的打击。继母强烈要求李玩的爸爸把小狗送到狗肉火锅店，因为小狗伤了她那被骄纵得横行霸道的宝贝儿子，而小狗究竟是如何伤了他的，并不重要。李玩说爱因斯坦受伤了，应该是昭昭干的。全家没有一个人为爱因斯坦说话，虽然他们知道爱因斯坦对李玩有多重要。尽管李玩哭着求他们，只要不把小狗送到狗肉店，送到哪里都可以，让它活着就行，爸爸还是一言不发地开车把爱因斯坦带走了。爱因斯坦在被拴在厕所一角的时候，都能那么英勇地反抗，爸爸拿拖把都无法制服它；为何现在没有任何东西拴着它，它却像做错事的孩子一样一声不吭地任由爸爸带走呢？结合后面爱因斯坦忠于自己的主人并绝食而死的剧情，我想通人性的爱因斯坦不反抗，是不想给已经相濡以沫的主人李玩添麻烦吧。连狗都会为李玩着想，相比之下，李玩的家人在对待小狗和李玩的情感上实在残忍。

与失去第一只爱因斯坦时哭着喊着到处寻找它不同，这次的李玩已经哀莫大于心死，她只是不停地奔走于各个狗肉火锅店，试图找到爱因斯坦最后的归宿。这让我联想到《莲花楼》中的李莲花：师兄单孤刀"死"了十年后，李莲花还是一心想找到他的遗骸，情深义重。寻找未果后，李玩主动找到喜欢自己的高放，以获取一丝安慰。高放给饥肠辘辘的李玩倒了杯牛奶，与之前拒绝牛奶不同，李玩把牛奶全喝了。为什么？是哀恸中的李玩为自己无力保护爱因斯坦而惩罚自己吗？是她不得不扼杀自己的天性，尝试去消化她完全消化不了的"营养品"吗？还是她无力反抗爸爸，只能把愤怒转向自己，心想"要死就一起死吧"？

当夜回家的路上，李玩一直疑惑的楼上的鸟叫声之谜揭晓：原来是一个手臂上戴着三条杠标志的"疯子"发出的声音，而这个"疯子"正被家人强行送往精神病院。如烟花般的自由鸣唱，原来只是一场镜花水月，李玩心想，如果不快快适应大人的世界，"长大"、变得"懂事"，自己也会被当做任性的疯子。恐惧催化着李玩的"成长"。她之前就问过高放"如果时间变快，人是不是就可以成长得快一点"，但高放不懂她所说的平行宇宙。李玩认真思考过如何才能快点长大，这样她就可以变得"懂事"、可以保护自己，也不用再依赖大人。但这样的成长，让李玩逐渐失去了本心，少女的天真和由衷的笑意也逐渐褪色。有一部分的她，在这残酷的现实中被杀死了。

在强权下折翅

李玩逐渐屈服于强权，她内心转变的分水岭，是她夺门而出找高放喝酒后的那个夜晚。当她回到家时，迎接她的是一场狂风暴雨：爸爸粗暴地将她推出家门；啤酒瓶被摔碎了，碎片割伤了她的手；爸爸怒斥道"你走，这个家容不下你"；她被爸爸毫无尊严地拖拽到车边，并像物品一样被扔到车上，和爸爸一起寻找出门找她的奶奶；找到奶奶并回家后，她被狂扇耳光并被掐脖子。李玩被吓蒙了，她的内心充满恐惧："爸爸是不是要打死我？我会不会被打死？"在被逼着向爷爷、奶奶道歉后，她冲进了厕所——一个用于排泄、洗涤污秽和净化自己的地方，而不是她自己的房间。她的手被割伤，但血是在她进了厕所后才喷涌而出的。出来见爸爸时，她的手一点也没见血。这就如同她的心一样，虽然被践踏得鲜血淋漓，但只有在她一个人的时候，血才能尽情流淌。李玩并没有先去处理自己割伤的手，而是用带血的手小心翼翼地脱掉衣服，以免衣服沾上血渍——她不想让别人看到她的心灵所受到的伤害。她在淋浴头下冲澡，想要洗刷掉耻辱，并用水——生命之泉——给吓得魂飞魄散的自己一点刺激、滋养和包裹。每个生命最初都是在羊水的包裹下生长并发育的，但这份来自爸爸的暴击，彻底击垮了李玩在这个年龄本该拥有的、纯真地任由自己的性子行事的自主性——少女在淋浴中痛苦地蹲了下来。面对强权和暴力，恐惧而又没有任何保护措施的她屈服了。不着衣物，亦即没有任何社会化的修饰，是生命原本的纯真模样，可即便有水的滋养和洗涤，也只能帮助她释放痛楚，却无力支撑她以自己原本的姿态站着，更无法让她舒展自己的身心。

关闭的花期

青春期女孩的第二性征开始发育，对异性的朦胧情愫也悄然滋生。个体的心理发育是从婴儿期与母亲的共生、融合阶段开始分化出来的。在两三岁时，一个重要的心理发展议题是自主性的发展，在这个阶段，个体要实现自己的意志，屈服还是反抗，是这个阶段的主要心理冲突。从三四岁到六岁，个体会逐渐确立自己的性别身份，对异性父母产生爱恋并与同性父母竞争，这是弗洛伊德所说的俄狄浦斯冲突。这两个心理发展议题在青春期会进一步得到深化，个体在这个过程中会逐步确认自己的身份，并开始寻找与异性的亲密关系。

李玩在第一只爱因斯坦慰藉了她的孤单、寂寞、无助后，也在李堂的带领和启蒙下，对自己的身体特别是乳房的发育产生了好奇。李堂和高放第一次带李玩溜旱冰时，李玩的表情是痛苦的。她第一次看到李堂和高放激吻，穿溜冰鞋的她被惊得跌坐在地上。这有点像孩子第一次看到父母性生活的原初景象。李玩的父母在她很小的时候就离异了，她与爷爷、奶奶一起生活，所以目睹李堂和高放激吻很可能是她的第一次真人版的性启蒙。随后，李堂和李玩一起坐在床上，高中生李堂在摄像头前向高放展示自己的胸部，然后又向乳房尚未怎么发育的初中生李玩展示，并骄傲地告诉她胸罩是高放送的。在这一场景中，"荷尔蒙"和"雌竞"溢满了整个屏幕。李玩对此的反应淡淡的，但最后说了句似乎与这个场景不太搭边的话："溜冰蛮好玩的。"之后，聪明、学习能力强的李玩很快爱上了溜旱冰并且溜得很好，显然，她在这个过程中得到了与高放产生肢体上的亲密接触的机会。李堂先于李玩溜旱冰，但显然李堂不喜欢也玩得不好，所以，至少在三人的共同活动溜冰上，李玩胜过了李堂，就像女孩在心里感觉自己胜过了妈妈一样。

喜欢天文和物理的李玩很有创意，也很有才气。在李堂"反水"后，李玩在橘子上画上世界地图（如同地球仪一样）并送给高放，她很希望将自己的内心世界完整地呈现给他。橘子本身是明亮的橙色，但世界地图是用黑色的笔画的，如同她的世界充满了阴郁，但她轻易不显露出来。当李玩给高放讲平行宇宙时，高放说他不懂她在说什么，高年级的"学霸"高放是真的不懂。但李玩说，一般以说实话开头的，都不是真的。这是李玩观察家人的言行得出的结论，但也体现了她很期待有人可以懂她，所以她否认了高放其实并不懂她。在第二只爱因斯坦被送到狗肉店的当晚，心如死灰的李玩找高放寻求安慰和陪伴，李玩的脆弱激起了高放带着保护欲的爱意，他想用吻给予李玩抚慰，这是他的需要。但心受重伤的李玩需要的是理解和懂得。这一次，李玩才明白，高放真的不懂她。在李玩英语口语比赛退赛后，高放鼓励她并向她表白，但她干脆地拒绝了高放。在李玩、李堂、高放三人的关系中，李堂将李玩带入了她和高放的二人关系，从而形成了三角关系，而最终李玩胜出了。李玩的脆弱、才气，以及高放所不懂的神秘吸引了他，李堂则凭借性感和热情也曾吸引过处于青春期的高放。然而，高放无法理解李玩的深刻，无论是她对世界的深邃思考，还是她所承受的深刻痛楚，就像高放喜欢一个人的表达方式是把对方的名字文在皮肤上一样，多少有点肤浅和作秀的感觉。

两只爱因斯坦，一只走丢，一只死亡，这让李玩这朵刚要绽放的花骨朵又闭合了。为了生存，李玩只能一而再、再而三地屈服，在暴力、无家可归、死亡、恐惧的威胁下，她选择了适应成人世界的规则，"长大、懂事了"。她俄狄浦斯期的进一步发展也因此暂时停滞，退回到了自主与意志的发展阶段，因为她选择了屈服、顺从的模式。尽管在大人眼里，她也曾反抗、任性过，但实际上，她只是在保护自己心爱的爱因斯坦，保护自己的心。与李堂几次穿着色彩鲜艳的性感裙子截然不同，李玩在影片中从来没有穿过裙子——女性身份的服饰标志。

一声叹息

　　李玩每次收到礼物，似乎都伴随着某种交易。爸爸带她去天文馆，表面上是向她道歉并奖励她英语考了年级第一名，实际上是让她去认已经两岁的弟弟，以及马上去参加弟弟的两岁生日宴。原本开心地和爸爸来到真冰溜冰场的李玩在看到弟弟时笑容瞬间僵住，就像她的心也一下子被恐惧攫取并僵住一样。那时，她已经被爸爸暴揍过了。"有了弟弟，爸爸会不会也不要我呢？""弟弟已经这么大了，爸爸才让我知道，我在家里算什么？这个家还有我的位置吗？""所有人合起伙来隐瞒我，为什么？他们在防着我什么呢？"震惊、悲伤、恐惧、失落……所有的一切席卷而来，而李玩还得强颜欢笑，否则就是"不懂事"，让大家扫兴了。

　　可是，李玩的家人真的不爱她吗？爸爸的一句话，道出了他所有的心酸和无奈："你喜欢这首歌，是因为你不知道那时候有多苦。"是的，在吃不饱的年代，情感是奢侈品。爸爸自己也没有得到过情感上的理解和支持，又如何能给予李玩呢！为了生活而奔波、逢迎，这是他习得的生存法则，他也经历过生活的毒打，有委屈和不甘，但他挺过来了。在他眼里，这就是生活！

爸爸在冲动暴揍李玩并冷静下来后向李玩道歉，他没有按照继母的要求把爱因斯坦送到狗肉店，而是送到了流浪狗收容所。爸爸是爱李玩的，也会为李玩考虑。这为后来父女在车上一定程度的和解及李玩对爸爸的理解奠定了基础，也是李玩始终坚持自我的底气。她会撇下重要的宴席，奔向自己心爱的天文展，尽管只是奔向一盏盏熄灭的灯。她在按照弟弟的要求把椅子转得快一点时，有意无意地将弟弟摔倒在地上，因为弟弟说爸爸家是"我家"。李玩虽有所感，但弟弟直接说出来，还是让她无法接受。这个小霸王只有在李玩面前不敢放肆，这反映出李玩并没有迎合大人去惯着弟弟。

爸爸把爱因斯坦送到狗肉店，让李玩心中的爸爸成了刽子手，与杀死蝙蝠的英语老师一样。在英语口语比赛中，讲平行宇宙渐入佳境的李玩在看见爸爸进了比赛场地后，恐惧得开始结巴，最后退出了比赛。李玩很聪明，可以从英语相对落后进步到考年级第一。在爱因斯坦被送到狗肉店之前，她是有认真准备口语比赛的，但在赛场上，她对此明显准备不充分。爱因斯坦之"死"让她抑郁、心碎，也让她心怀愤懑，她以没有充分准备这种被动攻击，以及将攻击转向自身的方式，默默地反抗强行让她参加比赛并扼杀生命的英语老师和爸爸。毕竟，在她喜欢的物理领域，她没有上兴趣班，但她依然取得了全省第一的好成绩。

这也让爸爸开心地答应了她的一切要求。得知爱因斯坦在收容所绝食而死后，李玩哀伤而又平静地对爸爸说了声"谢谢"。她感谢爸爸没有把爱因斯坦送到狗肉店，也感谢这个她依然期待、渴望，依然爱着的爸爸，没有成为她心中的刽子手。

爷爷、奶奶也是爱李玩的。爷爷买菜的时候，会特意说"我孙女喜欢的大闸蟹"；不仅如此，爷爷还几次制止爸爸打李玩。奶奶一开始不让家人告知李玩的弟弟出生的事，是真的在为李玩考虑；晚上，大门不出的奶奶因担心李玩的安危，不顾自己不识路，跑出去寻找她。这些都是爱的表现啊！

除了在奶奶的示意和继母的旁敲侧击下"懂事"地"反水"，让孤立无援的李玩感到被"背刺"外，李堂对李玩可谓关怀备至。她带着李玩去体验青春的激情和快乐，陪李玩寻找爱因斯坦，为"找到"爱因斯坦而喜出望外，在弟弟的生日宴上试图安慰李玩，为李玩物理考取了全省第一名而开心和激动，在要吃狗肉时为李玩忧心……即使男朋友被李玩"抢"走，李堂在确认了高放不再喜欢自己后，也只是潇洒地说出分手，对李玩依然关心如故。

我们大多数人，都是带着缺憾并在挫折中承受着痛楚成长的，这就是生活。

折翅下的希冀

在庆祝李玩物理考取全省第一名的晚宴上，李玩"懂事"地喝了酒、吃了狗肉，完成了对自己的"弑杀"。随后，在爸爸的车上，李玩主动扮演起了安慰、承载大人情感的角色，她的笑容不再灿烂，而是带着讨好的意味，与曾经爸爸接她天文馆，她在车上叫爸爸唱歌时露出天真烂漫的笑容完全不同，尽管她对爸爸的关心依然出于真心。在接下来的一幕里，李玩与李堂走在阳光灿烂的巷子里，而李玩的神情和装扮与之前有了质的区别。她的头发、包括之前的刘海全部高高束起，梳得整整齐齐，头上还戴了一个黑白格子的蝴蝶结。这与之前总显得不那么清爽的发型——刘海遮蔽、辫子随意，形成了鲜明的对比。"整齐利落"是大人们所期望看到的；而"被遮蔽、不清爽"，是她内心的写照。李玩15岁了，这是古代女子成年及行笄礼的年纪。而李玩也束发为"祭"、蓝衣为"奠"，埋葬了自己的青春。她一眼就认出了爱因斯坦，却也只是在走过去后淡淡地和李堂说那好像是爱因斯坦。在李堂拉着她去找爱因斯坦的时候，她没有上前相认，只是淡淡地道歉说认错了。随后，在曾经贴满寻狗启事的巷子里，她百感交集，失声痛哭。为了保护爱因斯坦，她只能放弃它，无论她有多渴望、不舍与心痛。爱因斯坦的新主人很强势，称呼爱因斯坦为"贝贝"，宝贝的贝，爱因斯坦在新主人那里，会获得更好的生活。对李玩来说，知道这世上第一个与她"血脉相连"的生命在别处快乐地生活着，也是一种安慰与希望。

在最后一幕里，"懂事了"的李玩取得了继母的信任，曾经提防着她的继母这次让她独自一人带着昭昭去溜冰。李玩身着黑色外衣，里面是影片中多次出现的有红色可爱动物图案和红色条纹的白色 T 恤。这件白色 T 恤，是李玩在阳光明媚的日子里带着第一只爱因斯坦和爷爷一起去菜市场买猪肝时穿的，是她在寒夜中泪雨磅礴地疯狂寻找爱因斯坦时穿的，也是爸爸要将第二只爱因斯坦送到狗肉店时，她哭着请求爸爸不要这样做的时候穿的。这件白色 T 恤陪伴她经历了青春的欢欣和被迫成长所带来的种种痛楚。

黑色，是李玩在影片中第一次穿的上衣的颜色，是为逝去的青春所进行的哀悼。但她依旧穿着这件白色 T 恤，是因为尽管被迫成长，她依然是有意识地做出屈服、顺从的选择的，而且曾经的痛楚，她都能承受，她没有选择逃避或封锁自己的心。她似笑非笑地看着教练叫弟弟自己站起来，尽管弟弟一直期待着教练来帮他。这一幕意味深长：成长让人受挫、摔跤，但人还是要自己站起来。我想，这是李玩给自己找到的关于成长的答案。尽管她像弟弟一样，希望其他人向她伸出温暖的手，这伸出却又让人触摸不到的手，本意是好的，即希望孩子能快点学会独立，但对摔倒、哭泣的孩子来说，这未免让人感到被欺骗、无措、无助和绝望。这手虽然后面给弟弟拿来了椅子，让他可以扶着站起来，但最终，他还是要靠自己站起来，这样他才有可能真正走上属于自己的路。

✳

夜

深藏于心的夜

花

绽放于血的花

我奔向昏黄、迷茫的光

却不觉迷失、坠落的慌

希冀

自渡

第四篇　成为男人

——《布达佩斯之恋》呈现的俄狄浦斯冲突

✳

你让我邂逅了一场绚丽的花火

而你

让我看到男人山一样的伟岸

《布达佩斯之恋》（*Ein Lied Von Liebe and Tod*）是一部德国和匈牙利合作拍摄的电影，于 1999 年上映，荣获了第 72 届奥斯卡金像奖最佳配乐和最佳服装设计，以及第 50 届德国电影奖金质电影奖 - 最佳剧本等奖项，至今豆瓣评分 8.6。这部影片还有一个中文译名为《忧郁的星期天》，是从英文影片名 *Gloomy Sunday*

翻译而来的。影片的德文原名"Ein Lied Von Liebe and Tod"，我将它翻译为"生死恋歌"，这个译名是我最喜欢的版本，如果直译，就是"一曲死亡与爱之歌"。

我第一次看这部电影是在 2004 年，当时我非常有感于女主角伊洛娜的美丽动人，拉斯洛的人性光辉，以及缠绵悱恻、充满爱恨情仇的非常恋情[①]；对于灭绝人性的纳粹汉斯·威克，我则异常愤慨，恨不得杀之为快。这一切激烈的情感都随着时间的推移而渐趋平和。现在，让我们先来品读一下男二号安德拉什。

影片所描绘的安德拉什是一位充满俄狄浦斯冲突的艺术家。艺术家往往才华横溢，生活落拓甚而落魄，不拘小节。他去应聘沙保餐厅的钢琴师职位时竟然迟到，幸亏伊洛娜慧眼识才，坚持让他试奏，他才获得了工作机会，也由此在沙保餐厅展开了与伊洛娜、拉斯洛之间的三角恋情。

何为俄狄浦斯冲突

在进一步解读之前，也许我需要先解释一下何为"俄狄浦斯

---

① 电影《布达佩斯之恋》中呈现了伊洛娜、拉斯洛和安德拉什的三角恋情，这在现实生活中是不常见也不被提倡的。本篇文章选取这部电影，旨在通过这一三角关系，清晰地阐述俄狄浦斯冲突，以方便读者理解。

冲突"。这是精神分析的创始人弗洛伊德借古希腊神话所创造的一个术语。传说，底比斯国王拉伊俄斯受到神谕的警示：如果他让新生儿长大，他的王位和生命就会受到威胁。于是，他让猎人把儿子带走并杀死。但猎人动了恻隐之心，只是将婴儿丢弃了。被丢弃的婴儿被一个农夫发现并送给其主人抚养长大。多年以后，拉伊俄斯在朝圣的途中遇到一名青年并与其发生争执，最后被青年杀死。这名青年就是俄狄浦斯。俄狄浦斯破解了斯芬克斯之谜，被底比斯人民推举为王，并娶了王后伊俄卡斯特为妻。后来，底比斯发生瘟疫，人们请教了神谕，才知道俄狄浦斯弑父娶母的罪行。于是，俄狄浦斯刺瞎双眼，离开底比斯，开始四处漂泊。弗洛伊德用"俄狄浦斯冲突"这个术语来描述男孩到了三岁后爱恋母亲、嫉妒父亲、与父亲竞争母亲，但又害怕遭受强大父亲报复（被阉割）的一种矛盾心态。术语"阉割焦虑"仅仅是一个象征，指的是男孩作为男性的力量或品质会遭到父亲的攻击甚而毁灭。俄狄浦斯冲突的本质是男孩如何在与父母的关系中在心理上成长为一个男人。健康、被文化所认同的解决冲突的方式是男孩认同父亲、接受父亲才是母亲的伴侣并把对母亲的爱恋深藏，长大后将这种爱恋转移到其他女子身上。当然，升华了的、更为积极主动的解决俄狄浦斯冲突的方式是"青出于蓝而胜于蓝"，表现为超越父亲、打破陈规、承担责任等。而消极被动的解决冲突的方式则为顺从父亲、回避竞争、不敢承担责任，严重者甚至将爱恋其他女子也视为禁忌，并使自己保持在男孩的状态，结果就是把自己身上的雄性特质都消灭了。其实道理很简单，进行了自我阉割后，也就不用担心被别人阉割了。男人的雄心如果没有得到彰显，可能就会转变为一种攻击性或恶毒行为，当然女人也一样。恶毒是一种阴险而隐秘的攻击。

安德拉什呈现的俄狄浦斯冲突

➤ 进入三角关系

在安德拉什、伊洛娜和拉斯洛的三角关系中，安德拉什就像一个男孩，闯入了伊洛娜和拉斯洛这对"父母"的恋情中。在安德拉什出现之前，伊洛娜和拉斯洛已相识四年并确定了情侣关系。尽管安德拉什是靠自己的才华在沙保餐厅谋得职位的，但由于他迟到，餐厅已经聘了其他钢琴师，如果没有伊洛娜（母亲般）的求情和拉斯洛（父亲般）的首肯，他根本无法进入餐厅工作，更无缘介入这段关系。

➤ 与象征的母亲在一起，成为男人

人与人之间的情缘很奇妙，有些就像命运的安排，令你无法抗拒。应该说，安德拉什和伊洛娜是一见钟情，就像母亲与儿子间有着一种天然的情感纽带一样。伊洛娜欣赏安德拉什的才华，也许还被他身上散发的忧郁的艺术气息吸引，毕竟这很容易激发女人的母性情感；而伊洛娜的美貌、风情和对安德拉什的欣赏甚或爱慕，对安德拉什来说，也是无可抗拒的。当伊洛娜为安德拉什奉上咖啡，安德拉什痴痴地盯着伊洛娜诱人的乳房时，伊洛娜风情万种地整了整胸前的衣服、捋了捋发梢后离去，拉斯洛看到后，立即走上前当众亲吻伊洛娜，这是做给安德拉什看的，意在告诉他"这是我的女人"。这就像儿子"觊觎"母亲的美色，父亲出来干预并告诉他，别打这个主意了。然而，情愫的产生无可阻拦，其发酵更是在所难免。伊洛娜生日那天，安德拉什献给伊洛娜的曲子彻底征服了她的心，在拉斯洛给了她自由选择的机会后，顺应本心的伊洛娜毫不犹豫地选择了安德拉什。安德拉什一开始欣喜地和伊洛娜亲吻，他不敢想象，这么个梦中情人居然真的在自己的怀抱中！但很快，他便退却了，也许是因为面对"女神"的自卑、紧张、不知所措、难以置信，也许是在无意识中担心"父亲"拉斯洛的惩罚——拉斯洛可能就此解雇他，总之，雄性激素和情欲没有让他在这个时候升起征服、占有和给予女人的欲望。他退却了，伊洛娜感到不解，她不断地询问并安慰安德拉什，但这并没有帮他克服这种障碍，最终伊洛娜只好黯然离去。然而，不能给予母亲快乐和保护的孩子（男人）是舍不得母亲（女人）伤心，也不愿意伤害她的，而且受伤的女人会激发男人的保护欲和爱怜，离别和失去的危险也会激发男人的勇气，于是在影片中，安德拉什追了出去，两个人终于在一起了。

➤ 以被动为主的、解决俄狄浦斯冲突的方式

我们说，安德拉什解决俄狄浦斯冲突的方式是以被动为主的，这样的心理模式会呈现在他生活的方方面面：他与父母的关系、他与女性的关系、他与老板的关系、他与其他男性的关系、他在工作中的表现等。在影片中，我们无法看到他与父母的关系。在进入三角关系时，安德拉什就体现出了被动的特点。伊洛娜帮他争取到了面试的机会；他献给伊洛娜生日礼物时，表现得很羞怯，对自己的礼物也不自信，他说的是"我没有什么像样的礼物给您，只有一首自己谱的曲子，而且还没有完成"。伊洛娜投怀送抱，他一开始还不敢要。但安德拉什毕竟是一个男人，有着男人的力量，尽管被动、犹豫过，他还是要了老板（无意识中父亲的代表）的女人。后来，他和拉斯洛共享一个女人，最后还通过攻击拉斯洛为自己赢得了与象征的父亲作为平等男人的

地位。

➤ 安德拉什与拉斯洛的关系

俄狄浦斯冲突的重头戏就是男孩与父亲的关系。以主动为主的、解决冲突的方式会表现为与父亲、老板之间的冲突、对抗，当然个体是不会感受到自己无意识中的这一冲突的，而是会在意识中看到对方的种种不是、对对方感到各种不满、觉得对方针对自己等。个体不会想到是自己在无意识中对对方的攻击引起了对方对自己的反应，从而加强了对父亲或生活中的父亲意象的感知——限制、打压自己，在能力上又不如自己的父亲或老板等权威形象。当然，升华了的、解决俄狄浦斯冲突的方式可以表现为超越父亲、打破陈规、承担责任等。在影片中，安德拉什和拉斯洛的关系经历了如下几个阶段：经过父亲的允许进入关系中，服从父亲制定的规则，向父亲发起攻击以取得平等的地位，最后认同父亲、给予父母平等的位置。"经过父亲的允许进入关系中"这一阶段前文已述。下面我们继续分析其他阶段。

服从父亲制定的规则

拉斯洛是安德拉什的老板，安德拉什进入餐厅工作后，拉斯洛就给安德拉什制定了很多规章制度。以我们在影片中看到的安人生放映：
看电影，读自己

德拉什和拉斯洛的社会功能来讲，安德拉什是没有什么议价能力的，而且以他那时的落魄状态和心态来说，在一个还不错的地方有份工作已属幸运。当然，这只是推测，我们来看看影片的具体描述。

首先是拉斯洛给安德拉什准备西装的桥段。安德拉什的西装对一家高档餐厅来说太寒酸了，这一点他也清楚，无奈他无力购置新装，他得攒钱。拉斯洛直接和他说，"我等不了那么长时间，我已经给您准备好了"。这显然伤害了一位清高的艺术家的自尊，但善解人意的拉斯洛马上又说，"他日您飞黄腾达时就把钱还给我"。这一下又安抚了安德拉什，安德拉什马上面露霁色。一切都那么合情合理，又都在拉斯洛的掌控之中。我们再来看看安德拉什和伊洛娜在一起后，三个人在市场上见面的场景。一开始，安德拉什流露出要和情敌对峙的意思，伊洛娜很快走上前去，当着安德拉什的面亲吻、问候昨日情人，安德拉什走上来，拉斯洛把钥匙递给他，说"您先去开门吧，我一会儿就来"。安德拉什下意识地就要服从，好像这里没他什么事，他没有话语权似的。这时，伊洛娜跳出来说："如果是和我有关的事，我要在场。"这显示出她的力量和自主性。安德拉什说："我们要谈谈。"拉斯洛马上说："没有什么好谈的。人都是有欲望的，有物质需求和精神需求。伊洛娜也一样，她需要我们两个。我宁肯要半个伊洛娜也不要什么都没有。"这番话令伊洛娜心花怒放，她没想到她可以在不放弃旧情人的情况下得到新情人。在这里，她和拉斯洛没有考虑安德拉什是否会同意，而安德拉什也默认了拉斯洛提出的方案，因为"父亲"和"母亲"的确还郎情妾意、相互需要，他能得到伊洛娜已是意外之福，他也的确没有能力给伊洛娜提供优渥的生活。在拉斯洛这个让他折服的老板面前，他没有要战胜老板并独占伊洛娜的雄心。所以他也只能默默接受拉斯洛制定的游戏规则。这个场景真是有趣，他像孩子一样和父亲一起提马铃薯，母亲手里捧着花，父亲搂着母亲的腰，三个人一起回到演绎他们共同故事的地方——父亲的餐厅。

我们再来看看在社会这个大舞台上，我们的安德拉什在推广自己的作品时是多么无所作为，又是多么听话。有才华又有作品的人，都希望通过自己的作品成名、获利，让更多的人分享，让自己有更大的影响力等。这也是自我力量的一种拓展和增强。安德拉什也不例外。他也有这种渴望，但他似乎安于在拉斯洛的餐厅弹奏他的曲子。倒是一心念着他的"母亲"留心了来餐厅就餐的、维也纳的音乐发行人，并将此信息告诉了他的"父亲"拉斯洛。接着，拉斯洛强大的社会功能和身为犹太人的销售、谈判能力开始显现：让安德拉什在伊洛娜给这帮客人奉上咖啡的时候，亦即在他们享受美食后放松的时候开始弹奏那首有魔力的曲子，而他则适时介绍。在谈判中，拉斯洛取得了完全的胜利，他所争取到的版税不仅完全超出了预期，还令这帮音乐发行人心悦诚服。我们不得不佩服拉斯洛强大的气场，坚定、温和、有理有据的谈判技巧，以及用美酒来调节气氛的手段。而这一切在他做来是那么一气呵成，天衣无缝，又让人那么舒服。在这个舞台上，拉斯洛是强者，安德拉什只有服从的份儿。他在弹琴的时候也是不明就里，尽管这是他的事，而拉斯洛当时根本无暇跟他解释。拉斯洛的强大和安德拉什的服从还体现在，当安德拉什提出让拉斯洛做他的经纪人并分得版税时，拉斯洛却说，帮朋友做事，怎么可以要钱呢。这样的胸怀和情谊彻底将安德拉什征服，而安德拉什也彻底失去了话语权。于是，在这场推广安德拉什的作品、给安德拉什带来名与利的较量中，拉斯洛成了最大的赢家。

女人终究还是会选择强者的。于是，本该很开心的安德拉什，在应酬式地与发行商喝了点酒以示庆祝后，却只能在拉斯洛的楼下一根接一根地抽烟，痛苦地看着、想象着她心爱的女人在情敌的身体下欢愉。这就像一个孩子在忧郁、绝望中偷窥父母的性爱一样，在这段关系中，他是被排除在外的。说到底，安德拉什仍是个男人般的孩子，没能离开母亲的怀抱。所以，在这个对他来说很重要的社会化的时刻，"父亲""母亲"帮他安排好一切，推着他往外走，而他只是在表面上完成了社会化，他体会到的更多还是失落和挫败。

向父亲发起攻击以取得平等的地位

安德拉什一直处于被动接受者的位置，并对拉斯洛这个父亲般的情敌表现出尊敬和服从。但毫无疑问，对于自己不能完全拥有伊洛娜，他的内心满是愤懑和无奈。大概所有男人对这一情境都是难以安然接受的，女人也一样。拉斯洛对这一情境也感到很痛苦，这特别表现在伊洛娜和安德拉什到维也纳去录音，而他一个人在酒窖摔酒的情节中。但是，他在和安德拉什的关系中始终表现出父亲般的欣赏、宽容、支持、给予和尊重。这无疑给了内心畏怯的安德拉什相当的心理成长空间。而那时，纳粹开始了对犹太人的排斥和迫害，不知这个背景是否让非犹太人的安德拉什对身为犹太人的拉斯洛产生了微妙的种族优越感。

人与人的关系是随着关系中的一方或双方的变化而不断发展的。酒能壮胆。一次酒后，安德拉什开始吐露真言，他攻击拉斯洛，说他作为犹太人，竟然不懂音乐、不懂艺术，只懂做生意和赚钱。这对拉斯洛来说显然是不公平的。拉斯洛回应道，他"的确很懂做生意，但也要看对象"。于是，两个痛苦地共享一个女人的男人开始一起攻击伊洛娜。是啊，他们都深爱着伊洛娜，同时也隐隐地恨着伊洛娜的用情不专。为什么她不能只爱他们其中一人，并且任由他们被嫉妒、愤怒、失落、孤单和无奈折磨？人世间爱与恨的纠缠，何时能休？如果没有爱，没有对爱的渴望、失望甚至绝望，又何来恨呢？在对伊洛娜的爱与恨上，他们是共感的，是在一起的，是平等的。于是，两个醉酒的、在痛苦中挣扎的男人相扶着回到了拉斯洛的家，有趣的是，他们还同床共寝了，就在拉斯洛和伊洛娜一起睡觉的床上。拉斯洛说要开除安德拉什，因为他有这个权力，也完全有理由这样做。但拉斯洛毕竟是拉斯洛，他没有被嫉妒和痛苦侵蚀，爱、包容、分享、尊重，以及接纳最后还是占了上风，即便在他醉酒的状态下。他再次接纳了安德拉什，并主动给了安德拉什平等的位置。他扶着安德拉什的头，郑重地说道，"从现在起，你我之间不再用'Sie（您）'相称，而是用'Du（你）'相称"，然后他亲吻了安德拉什的额头，宛如父亲对成年儿子的祝福和授权。在德语中，"Sie"表达了礼貌性的尊重和距离，而"Du"则表达了亲近和平等。可以说，是拉斯洛授权了安德拉什这个平等的地位，但这个地位是安德拉什在攻击了拉斯洛之后获得的，是安德拉什自己争取来的。俄狄浦斯冲突的解决，离不开攻击父亲或攻击所渴望的内在父亲意象的现实投影，这也是一个男孩成长为男人的力量的显现。幸运的是，安德拉什遇见了一位好老板、好"父亲"，他的攻击完全被化解和接纳，还帮他赢得了与"父亲"平等的地位。

在接下来的场景中，他们共同去餐厅找伊洛娜和解。安德拉什表现得比之前积极多了，他主动表示，他们有话要和伊洛娜说。安德拉什不再像之前那样，只有服从的份儿。他和拉斯洛的关系成为平等的关系，表现在三人一起到河边游玩时，他们二人一起欣赏着在水中欢笑、玩耍的伊洛娜，交流着共同的对伊洛娜的爱。彼时他们认为，强求是对自己最大的折磨，而所谓的疗愈就是让事情各安其位。

认同父亲、给予父母平等的位置

根据弗洛伊德的理论，解决俄狄浦斯冲突的方式是认同父亲，放弃将爱欲放在母亲身上，而是将这力比多（能量）放在其他女人身上，并在事业上追求成功甚至实现超越。拉斯洛不是安德拉什生物学上的父亲，只是在心理意象上充当了父亲的功能，所以他不可能放弃对伊洛娜的爱。但他还是认同了拉斯洛，并给了心理意象上的父母——拉斯洛和伊洛娜——平等的位置。这集中体现在他对遗产的分配上。《忧郁的星期天》的成功给安德拉什带来了巨额财富。但物质上的财富并没有给安德拉什带来快乐，也没有缓解他的痛苦。他已经预见了自己的死亡，并立了遗嘱。在他的遗嘱中，拉斯洛和伊洛娜将平分他的遗产。试想一下，有哪个人会将自己一半的财产留给情敌，并且这个现实中的情敌在自己的心理意象上更多的只是个情敌？而对安德拉什这个在心理上往返于男孩和男人间的人而言，伊洛娜既是现实中的情人，也在心理意象上充当了母亲的功能。在死亡和道德内疚感的心理威胁下，安德拉什心理退行了，伊洛娜的爱成了他的依托和救命稻草，就像孩子要在母亲的怀抱中找到安全感一样。

退行的安德拉什与伊洛娜的关系

母亲，或者说母爱，对每个人而言，都是最原始的安全港湾和庇护所。在我们还没有记忆的时候，母亲充满关爱、欣赏的眼神，与我们对视时的欣喜和盈盈笑意，在我们摔倒、感到悲伤或不舒服时的心疼，温暖的臂弯、怀抱，所有这一切被爱、被抱持的感觉都深深地烙在我们的心灵深处。也许，我们根本就没有关于这一切的有意识的记忆，母亲只是潜移默化地沉淀在我们的精神内核中，使我们成为我们。一个健康的母亲会看到孩子，给予孩子力量，孩子也会通过母亲看见自己。这种被爱的感觉会让我们也懂得爱自己和真正地爱他人，这种心灵体验完全无法通过空洞的"我爱你"获得，缺乏真正情感内涵的"爱"反而会造成认知和情感体验上的强烈错位。母爱使我们能够按照自己生命的本貌发展成为我们自己，使生命能量得以自然流动，使我们与自己联结，也与母亲、与这个外在的世界联结。当我们在日后的生活中遭受挫折甚或遭遇灾难时，这份爱会成为自动启动的免疫系统，以帮助我们进行自我保护。无论什么种族都在歌颂母爱，但实际上很多人是得不到这样的母爱的，因为他们的母亲也未曾得到过。但很多人都觉得自己是在爱着的，特别是母亲爱自己的孩子，这简直成了天经地义、无须怀疑的了，其实不然。爱有时也没那么纯粹，包括母爱。一个幼弱的孩子需要在母亲的眼睛里看到自己，从而确定自己。对于一个不那么健康的母亲，她眼里看到的孩子是她能够看到的孩子的模样，而孩子从母亲的眼睛里看到的，是母亲看到的孩子，而不是孩子自己，这个不是孩子的自己，就变成了孩子所认为的自己。如果这个孩子所认为的自己与真正的自己之间的差距太大，就会形成巨大的心理断层，孩子与自己的生命原基也就失去了联系。如果母爱太不纯粹——母亲自己缺得太多，要在孩子身上找回——就会在孩子的心灵上留下黑洞，使他不断地向外寻求，毕竟爱是维持心理存活的养料。当遇到挫折，特别是亲密关系起波澜时，这个黑洞就会将孩子吞噬。安德拉什所创作的曲子的寓意，其实也是他心境的反应。他已预感到走向死亡是他的归宿。他对伊洛娜说，"只要你在我身边，我就不会走上绝路"。这种心理上的不安全感给关系带来了巨大的压力！他很害怕伊洛娜离开他，而后来他也通过怀疑、跟踪伊洛娜，逼得伊洛娜离开了他，这在精神分析上叫"投射性认同"，稍后我会再解释一下。伊洛娜一"离开"安德拉什，他马上就自杀了，如他自己所预感和谋划的那样。也许，冥冥中这是他唯一要走的路！时间无言，如此这般。

安德拉什与汉斯·威克的关系

安德拉什将对拉斯洛的愤怒置换到了汉斯·威克身上。在伊洛娜生日那天，威克作为伊洛娜的倾慕者，也想给伊洛娜弹一首曲子，安德拉什很不客气地拒绝了他。这既是他作为钢琴家对自己领地的捍卫，在某种程度上也是他对情敌拉斯洛的表达。当他爱慕伊洛娜，但还不确定伊洛娜对他的感情时（伊洛娜当时显然和他的老板拉斯洛是一对儿），他是无能为力的，这种无能为力中隐藏的愤怒感是巨大的，一旦有适当的出口就会发作。来自德国的"愣头青"威克显然也爱慕伊洛娜，但伊洛娜无意于他，只是礼貌地回应他的一些要求。威克提出要为伊洛娜弹奏一曲，这个要求并不过分，反而是安德拉什的拒绝显得生硬、突兀。后来，还是拉斯洛打了圆场，他说在这餐厅里，什么都可以做，就是钢琴不能碰，厨房不能进。

拉斯洛人格的光辉、对待安德拉什的情谊彻底征服了安德拉什，尽管他在一次醉酒后攻击了拉斯洛，但拉斯洛的包容和接纳使得二人再度携手前行，共同拥有伊洛娜。但是，安德拉什的人格并不成熟，他欢笑着与拉斯洛共同欣赏和享受伊洛娜的美，仅仅是他性格中阳光的一面在一个美好情境中的绽放。他性格中的阴郁、弱小、孤独，使他需要通过完全地拥有伊洛娜来维持自己的心灵世界，特别是当他处在压力下时。对一个人来说很重要，又不曾全然拥有且不可能全然拥有的人、事物、感情，如果没有经历悲伤和哀悼，是难以被真正放下的。即便头脑知道不可能，情感上的渴望和幻想依然会在那里。这是一种心理保护，因为渴望的那个人就在那儿，而幻想替代了心灵的空洞；但这也是一种折磨，对自己和对所爱之人的折磨。于是，安德拉什对不能全然拥有伊洛娜的失落、担忧、愤怒，在压力下害怕失去伊洛娜的恐惧，以及浮在深层的恐惧之上的愤怒——对拉斯洛那难以感受到、难以表达的愤怒，就逐渐演变成对伊洛娜和威克有染的怀疑，以及对威克的愤怒。

多年后，威克以纳粹的身份重新出现在布达佩斯，一开始他还没有露出他的狰狞面目，善良的拉斯洛也很开心能与他重逢，并以礼相待。安德拉什却早已对威克满心愤怒。对安德拉什来说，这是对一个潜在情敌的本能的敌意和排斥。人与人之间的感觉很微妙，也是相通的，威克肯定是从安德拉什那里感觉到了敌意，于是他在从伊洛娜家出来后，故意做出系皮带、吹口哨的动作让安德拉什看，就好像他和伊洛娜真的干了什么，让他志得意满、心情愉快一样。这自然加重了安德拉什的怀疑。于是，接下来安德拉什和伊洛娜之间就发生了梅兰妮·克莱因（Melanie Klein）所说的"投射性认同"。投射性认同是指，A 不能接受自己身上的一部分，这部分可能是关于他自己或他内化的客体的意象，于是他就把这部分投射到 B 身上，并觉得 B 就是这样的；B 接收到这种投射，并以 A 所期待又害怕的方式去回应 A，于是更强化了 A 所认为的 B 就是这样的想法。安德拉什渴望完全拥有伊洛娜，但在现实中他做不到，他没有信心可以做到。在自卑、失落和无能的心境下，他肯定隐隐地责备过伊洛娜水性杨花，而最让他害怕的是，伊洛娜会离开他。威克的出现使他的担忧和害怕发展到了极致。当拉斯洛向伊洛娜交代后事，伊洛娜为了拉斯洛的安危去找威克讨要"保护盾牌"时，安德拉什的内心完全与现实脱轨，他跟踪伊洛娜，并愤怒地指责她："难道两个匈牙利男人还不足以满足你吗？"伊洛娜愤怒地扇了安德拉什一巴掌。这是被安德拉什逼的。影片没有对这一情节进行进一步的刻画。但是，这一巴掌非但没有打醒安德拉什，反而使他所害怕的事情——伊洛娜离他而去——在他的心理上变成了现实。

安德拉什之死——结束幽暗、孤寂的尘世之旅

事情就这么错综复杂地发生着，让安德拉什内心的焦灼、愤怒和不安愈演愈烈。在接下来的场景中，在原来那个洋溢着祥和的气氛、美丽、有魅力、有活力的沙保餐厅里，威克开始和他的同事一起羞辱拉斯洛，并要求拉斯洛讲个犹太人的笑话。处在恐惧中的拉斯洛讲了个很不合时宜的、咒骂纳粹无情的笑话，空气顿时凝固了。我想，拉斯洛在这时会如此慌乱，与他所认为的"朋友"威克突然变脸有关。一方面，朋友情感上的背叛对善良的他来说是一个巨大的打击；另一方面，这个"朋友"是掌握他

生死的人，这突然的变脸，是与他生死攸关的。安德拉什冷眼怒视威克的枪，我想那时他真的想去杀了威克。威克毕竟还是要继续利用拉斯洛来挣犹太人的钱并为自己日后的商业帝国铺设人脉的，于是他给自己找了个台阶下——让安德拉什弹奏那首《忧郁的星期天》。如果说安德拉什对威克的愤怒只是出于对朋友拉斯洛受辱的义愤，那么在这种力量悬殊的较量下，这是他帮朋友解围的最好方式了。但他不。他对威克这个假想的情敌有着刻骨的仇恨，恨不得杀之而后快。他继续对抗性地看着威克，看着他的枪，让气氛紧张到了一触即发的地步。一个心智健康、成熟的人是有能力对自己、他人、自己与他人的关系、情境及在情境中对自己的要求有一个准确的判断，并做出较为恰当的回应的。安德拉什显然没有这个能力，他深陷自己的心理旋涡不能自拔。为了救场，伊洛娜挺身而出，唱起了《忧郁的星期天》，但这给了安德拉什致命的一击：他最害怕的事情终于发生了——伊洛娜离开了他，因为伊洛娜说过，"我只有在孤独的时候才唱歌"。一声枪响，我们诧异而悲伤地看到安德拉什躺在血泊中，他手里拿的，正是威克的那把枪。而在枪声响起时，我以为安德拉什拔枪是去杀威克的。

弗洛伊德在《哀悼与忧郁》（*Trauer und Melancholie*）一书中指出，自杀是仇恨的一种极端形式，自杀的人想杀死的其实不是他自己，而是内化的、自己心里的客体。这个客体在自杀的人心中过于强大，以至于他只能通过自我毁灭的方式来消灭它。在现实中，这个人杀死的是自己，但在幻想中，他把客体也杀了。这就好像在说，"是你抛弃了我，才导致我走上绝路的，你要为我负责，为此负责。我通过自杀来谴责你，你也要为此内疚一辈子，我要让你一辈子都过不好"。依此理论来解读的话，安德拉什此时最恨的人应该是伊洛娜。这让我想起三十几年前读过的一个真实的故事：一个美国女影星自杀了，她的男友或前夫——也是个电影工作者——说，"我永远不会原谅她"。我当时感到非常诧异，她都已经死了，是个可怜、受苦难的人，为何他还说永远不会原谅她。也许，这个理论解释了他们两个人之间的动力关系。但我不认为这个理论能完全恰当地用在安德拉什和伊洛娜的关系上。在安德拉什最后绝望地看伊洛娜的眼神里，我看到的是与他弱小的核心自我联系的、维系他生命的、让他感觉还与这个尘世有联结的人不在了，在感到彻底的空洞与恐惧之前，他提前结束了让他的心布满伤痕的尘世之旅。

一个孤独、阴郁、瘦削、苍茫的背影

　　一个人与他人的关系，在根本上是与自己的关系的反映。安德拉什害怕伊洛娜离开他，因为他感觉无法支撑起自己，他需要伊洛娜来支撑他；他也无法给伊洛娜带来美好、幸福和快乐，因为如果没有外界美好事物的激发，他也很难从心里感觉到这些东西。用时下的语言来讲，是他内心的"负能量"较多，他需要从别人、从亲近的人那里吸纳"正能量"，而他自己无法将"正能量"传递给别人。这在他和伊洛娜还处在相互倾慕的阶段时就显露无遗：伊洛娜生日那天，他特地为她写了首曲子，即后来闻名全球的《忧郁的星期天》，但他说，"我没有什么像样的礼物给您，只有一首自己谱的曲子，而且还没有完成"。安德拉什是才华横溢的。但如果用一棵树来比喻一个人的话，才华只是枝繁叶茂的部分，而内在的自己才是主干，是根。"我没有什么像样的礼物给您，只有一首自己谱的曲子"，这句话反映的是他内心的一种自我意象——某种内在的匮乏感。这种匮乏感也使他无法通过自己的才华获得事业上的成功。影片中有一个小片段，呈现的是安德拉什和伊洛娜同房的第二天，这对一个男人而言，应该是春风满面、雄心勃发的时候。伊洛娜无意间看到了安德拉什的乐曲本，上面有安德拉什老师的赠言：一个不想青出于蓝而胜于蓝的学生不是好学生。可以说，这是一个了解安德拉什的才华和性格的老师对他的期待和激将，但安德拉什还是说，"我不行"。他是有这个欲望的，只是他不敢面对并实现这个欲望，还要仰慕他才华的伊洛娜充满信任和激情地鼓励说"你一定可以成功的"。最后，安德拉什的唱片大卖，可以说，这是伊洛娜和拉斯洛努力的结果。从俄狄浦斯情结的角度看，这又是阉割焦虑占了上风，安德拉什又一次采取了消极被动的解决方式。从生命成长和社会化的角度看，安德拉什内在的匮乏感使他无法承担更大的责任，无法让他的才华和能量惠及更多的人，他挣扎在自我怀疑的泥潭中，害怕来自外界的是非与争议。我们从后来记者对他的采访中可以看到这一点。一开始记者采访他，问他是否为《忧郁的星期天》的作曲者时，他还是很高兴和自豪的。但记者一说到那么多人在听了这首歌自杀后，安德拉什马上仓皇而逃。他承担不起"谋杀者"的罪名，在某种程度上他认同了纳粹对他、对他作品的"歌功颂德"。

越是自我羸弱的、自我认同感低的人，越是依赖于外界怎么看待自己，因为他们还处在通过外界的评价来确定自己的阶段。这个"外界"小到至亲（这是最直接的心理环境），大到个体所生活的外部环境。这样的人往往不能承担起真正属于自己的责任，或者承担、认同不属于自己的责任，结果就是把自己压得不堪重负。在本质上，他们还是没有把自己与他人、外界的界限划分清楚。我们可以猜测，安德拉什可能有比较严厉的父母，每一个依赖父母来存活的弱小的孩子都生活在父母所给予的情感环境中，他们天生有极为敏锐的感受力或直觉力，能够感知父母需要什么、父母希望他们是什么样的。为了赢得父母的爱和照顾，弱小、恐惧的孩子会逐渐放弃自己的感受和需求，而把注意力更多地集中在父母的想法上，因为与父母一致会让他们感到安全。慢慢地，孩子会建立自我认同，但这个"认同"以父母的视角为核心，它就像一个壳一样，包裹在柔软、弱小、缺乏内在生命力支持的孩子身上。而对分化能力不足的个体来说，这个壳会部分地被推及、泛化到他人身上，变成一种投射，特别是关于他害怕的世界、他的超我对自己的谴责等部分。一旦外界有风吹草动，他的超我就会很容易认同这些批判的声音，因为这就是他自己的声音。他的心并没有真正走出自己的世界，他没有活出自己，也没有真正地去了解他人，以及这个世界的丰富和复杂。

张爱玲在《倾城之恋》中，通过范柳原和白流苏的对话，对由认同形成的自己和他人进行了生动的描写。流苏猛然叫道："还是那样的好，初次瞧见，再坏些，再脏些，是你外面的人，你外面的东西。你若是混在那里头长大了，你怎么分得清，哪一部分是他们，哪一部分是你自己？"也许，安德拉什并未充分地活出自己，他生命力的一部分被扼杀了，因此在心里的某个角落，他也有扼杀别的生命的冲动，他难以觉察、理解和接纳自己的这一部分。

我们是多么深切地被教导要成为一个善良、美好、宽容、坚强的人啊，我们的愤怒甚至仇恨、嫉妒、恐惧、贪婪、悲伤、羞耻、孤独，又是多么羞于示人，我们也通常以此来谴责自己、评判别人。可是，在这个凡俗的世界里，作为一个平凡的人，有谁不曾经历和体验过这些？如果将这些情感压抑，我们又怎么让它们流经后走掉，让生命的清泉继续推动我们前行呢？这个世界并不完美，有时甚至很残酷，但生命的存在、我们来的地方、我们的根所在的地方，是深沉而美好的。每个人背后都有属于自己的伤心故事，特别是在第二次世界大战的死亡威胁下。而如此多的人因听了《忧郁的星期天》走向死亡，是因为它激发了某些原有的悲伤和绝望，并在他们赴黄泉的路上起了"安魂"的作用——冥冥中，每个人都有属于自己的路。只可惜，安德拉什无法认识到这一点，从而实现自我解脱。

安德拉什有才华、有抱负，渴望成功，同时对自己抱有深深的疑虑。在春风沉醉的日子里，他成长为一个男人。但在现实世界被乌云笼罩时，他终究没能走出自己的心理阴影。当内疚感、死亡焦虑、维系生命的亲密关系同时掀起波澜时，他最终掉入心灵的黑洞，走向死亡的归宿，留给我们的，只有一声叹息。

✳

如果不曾有过光的明媚

黑暗不会如此冰冷

死

寂

第五篇　纯净的斑斓

——《怦然心动》

❋

你的眼睛

闪烁着

世间的

万千光芒

电影《怦然心动》（*Flipped*）是本书所选择的电影中最为柔软、轻盈和明媚的一部了。这部电影于 2010 年首映，并于同年在哈特兰国际电影节上获得最真实的剧情片奖。影片的主线分别从男女主人公布莱斯和朱莉对同一事件的不同视角，讲述了他们从 7 岁时相遇到 13 岁时真正明确心意并相恋的美丽故事。影片时长共 90 分钟，故事情节也很简单：相遇时彼此的错位感知，朱莉钟爱的梧桐树被砍、送的鸡蛋被扔掉，两家人对朱莉的智障叔叔的态度，两家人的晚餐，午餐男孩的拍卖会，最后是两个人携手种下象征着生命的、具有无穷魅力和奥秘的梧桐树。两个孩子在此期间对自己、周围的人和世界的认识也随着剧情的发展自然而然地推进，原生家庭对一个人性格的塑造，也在影片中呈现得淋漓尽致。

女主人公朱莉拥有丰厚的来自家庭的爱，也有窥见生命奥秘的爸爸的引导，她的心灵世界光彩照人。男主人公布莱斯如果没有充满智慧的外公切特的引导，很可能会在傲慢的爸爸斯蒂文和友善的妈妈帕齐的影响下，成长为一个怯懦、言不由衷的善良的"体面人"，或者用外公的话说，是空有皮囊、实则黯淡无光之人。但外公对他的三次引导，他都很好地吸收、思考并付诸行动了。终于，他炫目迷人的双眼，去掉了与生命本质不相符的教化，通过看到朱莉的美，他看到了一个更加美丽、真实的世界，也看到了自己的真心。在朱莉拒绝他的吻，他心急如焚地到处寻找朱莉，决定无论如何都要让朱莉知道他的心意时，他的眼神悲伤但又极为坚定。这一幕让我觉得他真的成长为一个男子汉了。这时的布莱斯，真的闪闪发光！也许，布莱斯的成长线，对我们更有所启发。

布莱斯：从怯懦的男孩到坚定的男子汉的蜕变

➤ 父亲的儿子

影片从 7 岁的布莱斯的视角展开叙述。他们家刚搬到小镇，他就被小朱莉缠上了。傲慢且不友好的爸爸在搬运车上隐晦地以对朱莉好的方式来对朱莉下了逐客令："你妈妈可能会找不到你。"但朱莉坚定地要和布莱斯在一起，也没有听懂他的意思："我妈妈知道我在哪里。"7 岁的布莱斯对这种隐晦的表达非常熟悉。接下来，爸爸就以布莱斯要去帮妈妈为由支走了布莱斯，企图赶走朱莉。布莱斯先是愣了下神，因为他知道根本没有这回事，但很快他就明白爸爸是想用谎言来摆脱朱莉，这也是布莱斯的心意，于是他很快接了话，跑掉了。

这种以"为了你好"来表达拒绝、用谎言来达成自己心愿的方式，布莱斯耳濡目染，他认同了这个在社会上被认定为成功精英人士的爸爸，他的性格特点和行为方式也因此而受到影响，这在扔鸡蛋事件中展现得淋漓尽致。

影片在朱莉送鸡蛋前安排了一个细节，那就是布莱斯随姐姐琳妮塔来到与朱莉的两个哥哥马克和马特组乐队的斯凯勒的车库。布莱斯在看到蛇吞鸡蛋的场景后做了噩梦，梦见自己被困在鸡蛋中并被蛇吞噬，从此他不肯再吃鸡蛋。三个随性的男孩津津有味地欣赏了这个自然的过程。在"文明、优雅"的家庭教化中长大的两个孩子无法欣赏这个自然的过程，但琳妮塔可以直接表达这是恶心的，她心口一致，而且她倾心于斯凯勒，喜欢自然、随性的生命和生活状态；而脸上流露出更加恶心甚至害怕表情的布莱斯，则随着斯凯勒的话说这很妙。因为受妈妈的影响，布莱斯不像爸爸那样具有攻击性，但他一直言不由衷，被他压抑的恐惧只能在梦中爆发。这个事件只是一个缩影。在生活中，布莱斯是否压抑了很多真实的情感？他是否拒绝表达自己真实的想法和真切的感受，以符合父亲的要求并维持"体面"？蛋是孕育和孵化生命的象征，而真切的情感的体验和表达是鲜活生命力的有力呈现。布莱斯在蛋中，意味着布莱斯那鲜活的生命被束缚、还未诞生；蛇象征着男性生殖器，象征着男权和父权，蛋被蛇吞噬，意味着他的生命被掌握着家庭的经济大权、象征着男权和父权的父亲的"文明"教化所吞噬；而他总是在梦见被吃掉前醒来，则意味着他没有真正被吃掉，他那困在蛋中的生命，等待着出生和解放。

朱莉送鸡蛋时，布莱斯想到了科学展上发生的事情。当所有人都在看小鸡从蛋中孵化出来的生命奇迹并为之欢呼时，布莱斯感到的是忌妒，而不仅是嫉妒，他认为这个过程很无聊，并怨恨朱莉的作品——孵化小鸡的过程——得到了所有人的关注，而他的作品——火山爆发——却无人问津。嫉妒是觉得对方很好，自己也希望像对方那样好，但因为没有达到，所以感到竞争失败的酸楚之痛；忌妒则是直接认为对方是糟糕的。这与他爸爸斯蒂文在和朱莉一家共进晚餐后，攻击、贬低马克和马特兄弟追逐自己的音乐梦想何其相似。好在布莱斯内心还有鲜活生命的火山，而青春期则是火山爆发、生命重塑的重要时期。布莱斯选择火山，是不是因为他无意识地感受到了内心的某种召唤呢？

➤ 外公的引导

在布莱斯 13 岁升入中学时，他的外公切特因外婆过世搬到他家生活。切特在影片中象征着荣格分析心理学中的智慧老人原型：丰厚的生活阅历、透过现象看本质的非凡的洞察力和直觉，以及拥抱生命本源的能力。布莱斯挺爱他外公的，他每次回家都会悲伤、满怀关心地注视因失去妻子而郁郁寡欢的外公，希望外公陪他打棒球，他对外公能和朱莉讲那么多话并开怀大笑非常关注和嫉妒。也正是因为爱，因为布莱斯的内心原本也闪耀着真挚生命的花火，他才能那么好地吸收外公的引导并迅速成长。只是当外公依然沉浸在失去妻子的哀伤中，没怎么理会他时，傲娇的他不愿意承认自己很在意外公，每次都默默走过。这些场景中的他与最后坚定而执着地想办法让朱莉知道自己心意的他形成了鲜明的对比。那时的布莱斯变得真挚、热切、坚定，也不害怕甚至没有考虑过被拒绝后自尊心受挫、情感受伤、被同伴嘲笑等问题。这种在犹疑后坚定地捧着一颗心去的少年的心意，多么珍贵！切特对布莱斯的三次循循善诱的引导、一次坚定的陪伴，推动布莱斯进入了更广阔的生命天地，帮助他在摇摆不定中变得坚定。

第一次引导是切特在看了当地报纸报道朱莉捍卫梧桐树一事后，主动向布莱斯问起朱莉，说朱莉有骨气，能有这样的邻居是幸运之事，并让当时在意识层面依然反感朱莉的布莱斯放下成见，好好读一读报纸上的报道。切特的话确实起了作用，尽管当时布莱斯不以为然，但这份有着朱莉在梧桐树上的照片的报纸，他一直保存着，并且认真阅读了，所以后来他在陷入对朱莉的爱恋时发出感慨：哪个初中生能说出"大地拥抱着我，清风拂面"这样广阔、细腻、与大自然融为一体的生命体验？也正是因为布莱斯后来读懂了梧桐树对朱莉的意义，读懂了朱莉，当他最后在朱莉家的院子里种梧桐树时，才让朱莉看到了他的眼睛闪烁着迷人光芒，并完全接受了他。二人在灿烂的阳光下一起用手拨弄泥土，种下梧桐树，此时，镜头上移，天空云蒸霞蔚，大地绿草如茵，天地美景浑然一体。朱莉曾在高高的梧桐树上看到和体验到的美景，此刻也流淌在二人的心间。

第二次引导是切特在知道鸡蛋事件后，晚上走到布莱斯的房间，直接告诉撒谎成性的他："这事关诚实的品质，我不希望你偏离得回不了头。一开始的一些不适，可以避免以后更大的痛苦。"之后，布莱斯主动找朱莉道歉并获得了朱莉的原谅。虽然布莱斯的撒谎和言不由衷并非出于恶意，而是出于懦弱、善良的性格和粉饰太平的习惯，但习惯养成后是很难改变的，所以他会在图书馆随口附和好友盖瑞关于朱莉叔叔的智障会遗传给朱莉的说法，尽管他在心里大骂盖瑞，认为盖瑞说的话已经触犯了他的底线。最后，当盖瑞跟布莱斯说朱莉的坏话时（尽管这些坏话曾经都是布莱斯自己说的），布莱斯毅然决然地说要和盖瑞绝交。此时的布莱斯终于可以诚实地面对自己，并真实而坚定地表达自己、捍卫自己和自己喜欢的人。当他对自己说，盖瑞和爸爸对朱莉的叔叔、包括朱莉的家人的嘲笑触犯了他的底线时，他有了清晰的内在界限及对事、对人的判断，他所要捍卫的是他自己曾经也避之不及的朱莉，他所要反对的是他的好友和他一直不敢忤逆的爸爸。布莱斯新的自我认同和对周围人的看法正在逐步重塑。

　　第三次引导是切特和布莱斯一家说，朱莉一家是因为要支付朱莉的叔叔丹尼尔高昂的私立疗养院的费用，才没有钱打理租来的房子的花园，并说丹尼尔是因为出生时被脐带绕颈才变成智障的。布莱斯的妈妈被勾起布莱斯出生时也被脐带绕颈的伤心往事，激动地离开。切特约布莱斯一起外出散步。散步时，布莱斯第一次质疑爸爸的品性："他说话的态度，让我感觉如果这件事发生在我身上，他会把我丢到疯人院去。"以精英自居的爸爸，对没有做错什么却生活悲惨的人不但毫无怜悯之心，反而极尽嘲讽之意。尽管切特并不怎么喜欢斯蒂文，但他还是耐心地教导布莱斯："我们不要对这种事情做假设，你不能因为他没有做过的事情而责备他。"这是充满智慧而客观的，在无形中也弥合了可能因此事而导致的父子间的嫌隙。在走到被砍的梧桐树的地方，切特仰望天空，说道："那一定是很壮观的景象。"这是布莱斯第一次在这里仰望天空，他想看看朱莉曾经在这里看到的景致。同时，切特告诉布莱斯："有的人黯淡无光，有的人泛有光泽，有的人光彩照人，而有时候，你能遇见彩虹般斑斓的人，一旦你遇见了，那便是世间的一切都无可比拟的。"布莱斯无法完全理解切特的话，但他知道切特所说的彩虹般的人是朱莉。入睡前，布莱斯辗转反侧，于是他起身拿起报纸，想要重新感受原来在他眼里平平无奇的朱莉。他开始尝试去体验朱莉所说的"大地拥抱着我，清风拂面"的神奇感觉。此时，爱恋的奇怪（奇妙）感觉开始在他的身体里升腾。

一次陪伴是家庭大闹下切特对布莱斯的安定陪伴。吃晚餐时，尽管布莱斯已经知道自己彻底为朱莉心动，也知道梧桐树对朱莉的意义，但当爸爸说梧桐树丑陋时，他却依然不敢忤逆爸爸。武断、霸道的爸爸养出了一个怯懦、乖巧的儿子，一个心中的火山即将爆发的乖巧儿子。晚餐结束后，斯蒂文出于忌妒诋毁马克和马特兄弟俩靠偷东西赚的钱录音乐样带，姐姐琳妮塔直接骂爸爸"混蛋"，却被爸爸扇了一耳光。琳妮塔对爸爸说"去死吧"，然后愤然离去，斯蒂文追上去要打琳妮塔，妈妈帕齐追上去阻拦。这是姐姐对朋友的捍卫和对偏执、傲慢、心怀恶意的爸爸的反抗，爸爸也是第一次发如此大的火，大家都情绪失控了。这时，切特平静地站在不安的布莱斯身边，把手放在他的肩膀上。这份安稳、平静的陪伴让布莱斯安心，也给了他反思的空间。晚上，当布莱斯躺在床上时，他第一次清晰地认识到，爸爸对朱莉一家的贬低，其实是出于对自己不能坚持自己所热爱的事情的愤怒；而朱莉一家都在热情地生活着，并努力实现自己的梦想。布莱斯开始拥有透过现象看本质的能力。他平静地接受了朱莉说他是懦夫的说法并进行反思。在布莱斯原来的认知里，他附和盖瑞的说法是一种习惯：为了维持与盖瑞的友情、维护图书馆的秩序及在公共场合维持体面。尽管这种习惯也隐藏着他的怯懦。他的认知发生了改变：表达自己心中所想才是有勇气的。这是一个巨大的认知改变。他第三次质疑爸爸（第二次发生在爸爸对朱莉的叔叔及朱莉一家进行诋毁时，因为这触碰了布莱斯的底线）是否也是一个懦夫。如果是，为什么呢？爸爸也不敢遵循本心，而是根据外在的标准来塑造自己并迎合外界的评价吗？质疑这样的爸爸是平静而又冷静的反抗；质疑背后的"为什么"，是青少年对人生、人的成长由什么因素推动的重要思考，是成长道路上的质的飞跃。

在外公的引导下，布莱斯对自己的认识、对周围人的感知悄无声息地发生着变化。青春期的重要任务，即对自己的身份认同——我是谁？我是一个怎么样的人？——在慢慢地、遵循本心地逐步确立着。在影片中，布莱斯的深刻反思几乎都发生在深夜他独自一人的时候。进入青春期的布莱斯很善于观察、思考和反思。暗夜带来了清醒，也洗刷了之前蒙尘的眼睛和心灵。

➤ 布莱斯对朱莉的情感变化

影片所呈现的布莱斯对朱莉的情感变化过程自然、有趣，又扣人心弦。

在我看来，小时候的布莱斯是真的不喜欢或不适应小朱莉的热情。初来乍到一个新的地方就被死死缠上，还要被周围的小朋友编排或嘲笑，这对一个小男孩来说不会是什么愉快的体验。上六年级时，布莱斯还设计通过与朱莉讨厌的校花雪莉谈朋友来打击朱莉的热情，只可惜，一周后这个骗局就被"好朋友"兼"情敌"盖瑞揭穿了。

布莱斯带着不喜欢朱莉的观念与朱莉相处，却在相处的过程中慢慢喜欢上朱莉而不自知。在看到朱莉因失去梧桐树而陷入抑郁时，他关心她，为她感到难过，也很想和她说对不起。在鸡蛋事件上，他不想伤害朱莉的感情；朱莉不理睬他后，他一直惴惴不安地跟着朱莉，想要找机会解释，在道歉并得到谅解后，他才得以重新安心地看自己喜欢的电视节目。在他感觉到自己对朱莉升起异样的情感，并不由自主地一直想她时，他一开始是排斥的，不熟悉的感觉让他本能地想要逃避。他不想沦陷，因为沦陷在某种程度上有失去自我、独立性和自主性的危险。他也不想被发现，害羞的他担心内心深处柔软的秘密被曝光，可他又一直带着印有朱莉照片的报纸，上课时他的目光也不断地追随着朱莉：她的头发散落在肩膀上，与报纸上的一样。布莱斯春心萌动却不想被俘获，不想被人知晓，而且他并不确定自己对朱莉到底是一种怎样的情感。非常细腻、生动、有趣！与盖瑞交谈，反而让他明白自己的确喜欢朱莉了，这时，他真正有了自己的立场：他不愿意与盖瑞相处，并认为盖瑞和爸爸都因为诋毁朱莉的家人而触碰了他的底线。

但这时，"傲娇"的布莱斯还是不愿意让朱莉知道自己喜欢她：在为与朱莉共进晚餐选择衣服时，他希望朱莉觉得他帅，但又不希望朱莉认为他是为她而穿得帅，他要把握二者之间的微妙分寸。好美妙、有趣的少年心思！见到朱莉后，他主动打招呼并赞美朱莉："你看起来挺好看的！"因为叔叔的事情和之前不愉快的事情叠加在一起，还在气头上的朱莉告诉他："我现在不想、以后也不想与你讲话。"布莱斯一改往日的退缩风格，在进餐前继续主动跟朱莉解释。得知他的真实想法的朱莉说："那你是个懦夫。"尽管这让布莱斯心碎，但他还是倾听着餐桌上进行的话题，观察着众人特别是反常的爸爸和他所在意的朱莉的反应。他看到了爸爸的掩饰，感受到了爸爸掩饰下的悲伤，并在晚上进行了反思。这呈现出 13 岁的布莱斯的性格总体上还是很健全的。刚坠入情网的他没有因为被拒绝、被否定就沉溺在自己的悲伤中。朱莉离开时对布莱斯的道歉更让他心凉，因为朱莉连怨恨他的心思都懒得给他了！他清醒地意识到，朱莉要把他从她的生活里删除了。

人总是在失去后才懂得珍惜，初涉情网的布莱斯也是如此。在意外地听到朱莉花钱拍下了排在他前面的午餐男孩艾迪后，布莱斯被打击得无法动弹。在被校花雪莉高价拍下共进午餐的权利后，一直想维护体面的布莱斯不再考虑任何得体和体面。醋意大发的布莱斯看着朱莉，觉得他愈发美丽！"我的朱莉怎么可以和艾迪在一起时那么开心？"男性的占有欲、对失去的恐惧、嫉妒把爱意燃烧得更加热烈，他一改往日的温文尔雅，在激情的推动下要当众亲吻朱莉。布莱斯好像被什么东西附体了，在我看来，是他内心的火山不再只是在心中低鸣，而是爆发了！他变得鲜活而有力量！朱莉跑掉后，他疯狂地追出去，并在接下来的两天里想要找到就住在街道对面的朱莉与她谈谈，只可惜朱莉避而不见。冷静下来的布莱斯最后懂得了如何去获得朱莉的芳心——种梧桐树，种下那壮观的生命美景，那个既可以让心灵翱翔又可以

让心灵栖息的地方！布莱斯种下了他们的爱情树，让他们的爱情
也能在阳光下茁壮成长，经历雾霭和虹霓！他挖洞、种树的动作
是那么利落、果决，这是一个成长中的男子汉的爱的告白！

朱莉：在丰厚的爱和智慧的引导下成长的纯净而斑斓的女孩

➤ 斯人如彩虹，遇到方知有

朱莉是美丽且充满魅力的，随着剧情的发展，我们愈发能感
受到她生命的广阔、灵魂的香气、心灵的纯净和斑斓、个性的坚
定和独立，以及爱的深沉和广博！

朱莉在梧桐树上与大自然的邂逅，朱莉的生命与大自然万千
变化的和谐共振，让她感受到了那份瑰丽与深沉的美，捕捉到了
隐藏其中的奥妙。在梧桐树要被砍的时候，13 岁的她敢于与所有
人对抗，坚持坐在梧桐树的高处捍卫它，捍卫她心中的圣地，后
来在爸爸的爱的感召下，她爬下了梧桐树。在孵化小鸡的过程
中，生命及生命演变之美深深地触动了她；小鸡孵化出来后，她
不忍丢掉它们，于是她和妈妈争取，自己当起了"鸡妈妈"，并
把小鸡们都养成了下蛋的母鸡。在朱莉眼里，万物有灵。她给每

只鸡都取了名字，像跟人说话一样跟这些她所饲养的鸡说话；她抱着鸡的动作，就像在抱一个小婴儿一样。鸡下蛋后，她知恩图报，把鸡蛋送给帮助她家的帕齐。当布莱斯嘲笑她家的院子后，她在切特的主动帮助下把自家杂草丛生、斑驳的院子变成了绿草如茵、鲜花环绕且围有栅栏的美丽院子。她坚持去看望智障的叔叔丹尼尔。当看到丹尼尔在冰激凌掉落后像个三岁的孩子一样当众大闹时，她没有被吓到并排斥丹尼尔，而是感受到生活对丹尼尔来说如此不易，这时，"丹尼尔"从她脑子里的一个概念变成了心中的家人，这让我不禁感叹她小小年纪竟有如此丰厚之爱，如此慈悲和怜悯之心！她不会浪费时间和精力在嘲笑她叔叔的盖瑞身上，因为他不值得，但她会对附和盖瑞的布莱斯直接说，"你是懦夫"！她有独立且坚定地判断周遭的事物和人的能力，不受世俗价值观的干扰。她能够透过现象看本质。在布莱斯家里吃晚餐的时候，她观察到斯蒂文表面干净、伶俐，内里却有一部分已经烂掉了。在这个富有的人家里吃过晚餐后，她变得平静而超然，为自己有这么有爱的家和家人感到幸福和满足。

朱莉的人格比大部分成年人的还要坚定、成熟，散发着迷人的光彩。灵魂自带香气的她在一个有着丰厚的爱的家庭中长大，这个家让她成长得像钻石一样散发出璀璨的光芒。

➤ 充满爱且民主的家庭教育

影片中呈现的朱莉的爸爸与朱莉的互动共有 7 次：爸爸画画时与朱莉的交谈、把朱莉从梧桐树上带下来、送朱莉自己画的梧桐树、引导朱莉在蛋中看见生命的孕育、与朱莉的妈妈吵架后向朱莉道歉、带朱莉去看丹尼尔、告诉朱莉他允许布莱斯在院子里挖洞。我们可以看到爸爸的平和、稳定、智慧、坚守和深沉的爱，对朱莉情感需求的关注和及时的抚慰，以及适时引导朱莉而不将自己的观念强加在朱莉身上，或者强求朱莉做或不做什么。不顾父母的反对而嫁给爸爸的妈妈同样非常尊重自己的孩子，她为自己的丈夫和孩子感到骄傲，并细心呵护孩子的情感需求。二人即便在第一次大吵后，依然能够稳定自己的情绪并向朱莉道歉和解释。即便对家里将这么多钱花费在丹尼尔身上，进而导致家庭经济拮据感到不满，妈妈依然告诉朱莉，她深爱爸爸的坚强和善良的心灵。要知道，在朱莉的哥哥出生之前，丹尼尔是和朱莉的父母一起生活的，照顾智障的小叔子，并同意将他送到昂贵的私立机构而非免费的政府机构，这样的事又有多少女人能做到呢？共情、互相尊重和欣赏，是这个家庭的主旋律。朱莉与父母、其他家庭成员的联结很深刻，她非常认同自己的父母特别是爸爸。她的天性可以在这个家庭中自由生长，并得到充分的爱的滋养和适时的充满智慧的引导。

➤ 朱莉对布莱斯的爱意变化

朱莉是个早慧的孩子。7 岁的她在第一眼见到布莱斯的时候，就沦陷在他那炫目的眼眸中，并明确地知道自己动心了。丰厚的来自家庭的爱，给她的心里洒满了阳光，也给了她独立、自信、勇于追求心中所爱的品质。因此，在接下来的 6 年时间里，她在没有得到回应甚至被布莱斯嫌弃的情况下，依然百折不挠地坚持着，她的自我形象没有受损。随着年龄的增长，朱莉开始懂得了节制；随着不愉快事件的发生，她开始重新审视布莱斯是个怎么样的人，以及他是否值得自己的爱。

当朱莉主动帮忙去拿挂在梧桐树高处的风筝时，她发现在那里她可以看到大自然的美景：微风带着阳光和草木的芬芳，浸润肺腑和全身，天空中的云彩与地上的景致浑然一体，大自然所呈现的神奇美景令他完全沉醉其中。由此，她懂得了爸爸教导她看人要看整体，以及通过阳光、树木、草地、牛来作比喻的"整体大于部分之和"的理念。朱莉的生命律动与大自然无穷变换的美景中隐藏的奥秘连通在一起，她对生命、对自然有了更深刻的感悟和体验！梧桐树被砍时，我也随着朱莉落泪了。那无与伦比的美丽，从此要在她的生命中被割舍掉，这是多么巨大的丧失和痛楚，所以，朱莉誓死捍卫梧桐树！遗憾的是，梧桐树最终被砍，朱莉也在影片中唯一一次消沉、抑郁了两周。

电影的编排很有意思，朱莉因为去拿风筝发现了梧桐树上的美景，而风筝是布莱斯的，虽然朱莉爬上树前并不知道。因为梧桐树，朱莉第一次对她所迷恋的布莱斯产生了疑问，也因为梧桐树，他们最后走在了一起。尽管朱莉迷恋布莱斯，但当布莱斯说梧桐树丑陋的时候，朱莉直接说道"你的视力有问题"。是的，那时的布莱斯，眼睛蒙尘，只能在世俗和教育的框架下看见被认定的美，却看不见生命中的美景和灵魂之美。在梧桐树被砍之前，朱莉曾向布莱斯等人求助，布莱斯虽有一刹那的迟疑，但依然上了校车。当朱莉从丧失梧桐树的悲伤中缓过来时，她对世界和周围人的感知开始发生变化：如此壮阔的美景，为何那么多人看不见并要摧毁它呢？她曾邀请布莱斯一起欣赏美景，也向布莱斯请求过帮助，但都被拒绝了。朱莉对布莱斯的迷恋第一次产生了动摇。

鸡蛋事件发生后，在切特的引导下，朱莉不只懂得了"整体大于部分之和"，还知道了"整体可以小于部分之和"，人亦如此。朱莉以此来观察周围的人，并发现很多人的整体是小于部分之和的。影片并未解释何为整体小于部分之和，在我的理解中，是个体没有立足于自己的灵魂、没有与生命的本源建立联结，只是依照外界的标准来塑造自己，这会让生命流于表面和浮华，无法散发出灵魂的香气和人格的魅力，由此整体就小于部分之和了。尽管朱莉希望布莱斯是整体大于部分之和的人，但当布莱斯向她道歉，她看到布莱斯那双曾经炫目的眼睛此时却流露出些许闪躲之意时，她确认：布莱斯是个整体小于部分之和的人。她对布莱斯的迷恋开始冷却。

朱莉根据朋友丹娜的指引来到图书馆听布莱斯和盖瑞关于她的谈话。当听到布莱斯说他无法控制地想朱莉时，朱莉露出了甜蜜的笑容。但当听到布莱斯附和盖瑞的嘲笑时，朱莉有一刹那的失望，但随即是愤怒和坚定："这很好，我确定布莱斯不是值得我爱的人，我可以不用再犹疑了。"

朱莉的确在一定程度上放下了布莱斯，少女的心有了空间，她开始幻想她要嫁给艾利佛乐队兄弟中的哪一个。但多年的迷恋不可能一下子就烟消云散，午餐男孩竞标又让她的心蠢蠢欲动，但她果断地选择不带钱来，以让自己完全断了念想。如果不是布莱斯在切特的引导下快速成长并跟上了朱莉的脚步，他们这段青涩的恋情很可能无疾而终。幸运的是，没有如果。朱莉在种梧桐树的布莱斯的眼睛里，看到了闪烁的万丈光芒，与阳光一起熠熠生辉。

朱莉："我意识到，这么多年来，我们从未真正谈过话。但这一天，我们开始了。"

布莱斯："我知道，我们会谈很久很久。"

二人没有对话，但内心的对白显示，他们完全心意相通。

于是，我们也置身其中，享受了一段美好而纯真的初恋！

青春期的叛逆

除了身份认同和开始寻找亲密爱人这两个重要的议题外，青春期最让人关注的就是"叛逆"了。除了被烙下原生家庭的印迹，成长于不同时代的青少年有了更为广阔的人际接触。他们开始有自己的思考、见识及与父母不同的观念；为了彰显自己的独立性与意志，与父母发生冲突也在所难免。"叛逆"更多是从父母的立场上说的；如果从青少年的立场来看，这几乎是成长的一个必然且必要的过程。

影片所呈现的青春期的叛逆，集中体现在布莱斯的姐姐琳妮塔身上。琳妮塔从自身天性出发，并受喜欢的同伴斯凯勒及交好的马克和马特兄弟俩的影响。为了维护他们，琳妮塔一次与斯蒂文发生冲突，一次直接开战。其实，在这之前，当斯蒂文贬低朱莉的爸爸理查德的画作并嘲讽理查德身为一个砌砖工竟做着当画家的梦时，琳妮塔就说出了她所知道的事实：他画得很好，而且他的画是要在镇上卖的。琳妮塔只是在说事实，但斯蒂文会感知为她在忤逆他吗？从后面布莱斯不敢说很多关于邻居喜欢斯蒂文认为丑陋的梧桐树这件事上，我们可以看出，斯蒂文画地为牢、傲慢且需要孩子的服从。身为高中生的琳妮塔是与现实接触并敢于直言的。当她穿着紧身的红色针织衫，要去跟斯凯勒他们录制音乐样带时，斯蒂文嘲笑斯凯勒等这些他根本就不认识的人，于是琳妮塔说"你什么都不知道"后就出门了。斯蒂文气得大叫："你怎么可以这样和爸爸说话？你11点前必须回家！"类似的场景，对家有青少年的我们来说，熟悉吗？布莱斯说这是正常的生活。可见，在斯蒂文眼里，琳妮塔"叛逆"是常态。可是，琳妮塔只是尊重事实、尊重自己的意愿，并敢于爆发出自己的力量，这是她成长的重要旅程。如果不是斯蒂文的父权不可侵犯，如果不是他出于忌妒对他人完全不尊重并恶意揣测、贬低琳妮塔朋友的品性，会发生琳妮塔骂他混蛋，被扇耳光后甚至直接说"你去死吧"这样严重的冲突事件吗？而在斯蒂文眼里，琳妮塔是否已经无法无天了呢？

觉醒后的布莱斯坚定地选择了朱莉这个璀璨的女孩，这个来自斯蒂文极为看不起的家庭的女孩。在斯蒂文眼里，这是否也是一种"叛逆"呢？而这，不正是布莱斯走上正确、丰盈的人生轨道的开始吗？

朱莉的两个哥哥和朱莉也都处于青春期，但完全看不出叛逆的迹象。他们可以随着本心自由生长，并得到父母充分的尊重、支持、理解和赞赏。也许，影片所呈现的朱莉的父母与青春期的孩子的关系如此和谐、亲密，并彼此高度认可，在现实中很难完全遇到，但我们是否也可以从中学习，让青春期孩子的"叛逆"，不需要那么叛逆呢？

两个父亲

几年前，我那 13 岁的女儿主动找我谈看完《怦然心动》的感想。她说，斯蒂文是个有知识、没教养的人，他出卖了灵魂来换取世俗的成功，但他毕竟成功了，很多人即使出卖了灵魂也不一定能成功。我惊讶于她话语的精辟和深刻。除去斯蒂文过分的傲慢无礼和自以为是，我们有多少人活成了斯蒂文的样子？有多少人敢于倾听自己的心并坚持自己的梦想？又有多少人在现实的打磨中适应并屈服于现实？或许，我们每个人都要寻找属于自己的平衡来让自己达到自洽的状态。

我很欣赏朱莉的爸爸，我也相信生活中有这样的人，虽然这样的人真的不多。当我把自己代入朱莉妈妈的角色时，我想我会比她更坚持将丹尼尔送到政府办的机构里。在孩子的需求和小叔子的需求之间，我选择孩子的需求，特别是如果马克和马特没有上大学，不光是为了音乐梦想，还有经济因素的话。朱莉的爸爸对自己当年没有念完大学感到遗憾，是否也是出于经济原因呢？

结语

电影《怦然心动》，真的让我怦然心动。它在短短的一个半小时里，呈现了美好而清纯的初恋、青少年的心路历程、家庭教育对孩子的影响、生命的奥妙、生活的本质、梦想与现实的撞击……它的深邃和迷人之处，需要心灵之眼才能真正看到。

✳

美

一直在那里

第六篇　烟火人生

——《婚姻故事》中伴侣的血泪纠缠与对家的永恒渴望

✳

你曾是我的天堂

让我沉醉

你也曾是我的地狱

让我绝望

你我将

何去何从

电影《婚姻故事》（*Marriage Story*）讲述了女演员妮可从一开始因对戏剧导演兼演员查理的钦慕和爱而与其步入婚姻，并育有一子的故事。婚后，妮可在家庭中投入较多，而查理以自己和戏剧为中心，并熠熠生辉。妮可的个人成就被丈夫的光环所掩盖，妮可自感在婚姻中日渐萎缩，自此二人矛盾频发，冲突不断。最终，妮可提出分居并准备离婚，二人为了争夺孩子的监护权而陷入相互撕扯的离婚大战中。影片所呈现的二人特别是作为女性的妮可在婚姻中的需求未被满足的失望和绝望，婚姻关系随着二人特别是妮可的社会心理成长所发生的变化，愈演愈烈的离婚大战给双方带来的痛楚及对孩子的影响，就像一面镜子，映照着身为饮食男女的我们。《婚姻故事》于2019年上映，获奖无数，包括第91届美国国家评论协会奖年度十佳电影，《时代》（Time）周刊十佳电影，美国电影学会十佳电影，第77届美国金球奖剧情类最佳影片、最佳男主角、最佳女主角、最佳剧本、最佳原创电影配乐等提名［饰演妮可律师的劳拉·邓恩（Laura Dern）还荣获最佳女配角奖项］，以及第92届奥斯卡金像奖最佳影片、最佳男主角、最佳女主角、最佳原创配乐等提名，劳拉·邓恩获得了最佳女配角奖项。

生而为人，无论是否渴望婚姻，都渴望有亲密的伴侣，渴望一个家，一个接纳、温暖、包容自己的港湾。然而，这个基本、朴素的渴望在现实生活中却并不容易实现。我们的婚姻是否也会如《婚姻故事》所呈现的那样每况愈下，最终走向离婚？还是说，我们会因离婚成本太高、对孩子不好、自己也不见得能找到更好的伴侣等原因而将就着过活，或者各过各的、各玩各的？又或者，我们可以通过共同努力，让婚姻关系和家庭中的每个人得到更多滋养和快乐？查理和妮可——明明相爱的两个人，他们的婚姻故事能给我们带来怎样的启发呢？我尝试分别从查理和妮可的视角，特别是在冲突中言语表达较少的查理的男性视角，来倾听他们各自在婚姻中的心声；此外，我们不妨也一起来听听亨利的心声。

查理

➤ 暗香浮动，冷月无声

　　妮可和亨利离开我已经几个月了，看着这空荡荡的屋子，曾经一家人在一起的欢声笑语，此刻在我脑海闪过，让我备感凄凉。家，我曾真切地拥有过，现在它却如镜花水月般杳无踪迹。孤寂啃噬着我，此刻窗外的月亮是圆的，我的心是残缺的。残缺的痛楚，逼迫着我去回想，我们的婚姻，到底哪里出了问题？如果可以重来，那么从哪一步开始改变，能让我们不用走到这般田地？

➤ 童年

这段时间，我开始看一些与婚姻相关的心理学的书。书上说，原生家庭会不可避免地"烙"在一个人身上，并影响他日后与他人的亲密关系。好吧，那我就从我不愿回首的原生家庭开始回溯吧。

我从来都不喜欢谈我的父母，在很长的一段时间里，我都坚信自己达成了从孩提时代起确立的目标：我绝不要成为像他们那样的人！我要努力奋斗，出人头地，给予他人以我从没获得过的家的温暖。是的，我的童年不堪回首，我的记忆中充斥着父母的酗酒、争吵、对彼此和对我的暴力。这不是家，它让我感到恐惧、不安、愤怒和孤独，还让我内心深处的某个地方始终感到匮乏。为了逃离这样的家庭，我努力、自律，意志坚定，毫无背景地凭借自己的才华和坚韧不拔、永不言弃的精神，在纽约这个世界艺术之都有了自己的一席之地。二十几岁时，我就在戏剧界声名鹊起。现在想来，虽然我维护不好自己的家，却能让戏剧团的人都有家的感觉。我想，我是享受了妮可带给我的家的温暖，并把儿时因得不到而产生的自恋幻想——成为给予者——安置在戏剧团了。尽管那时（包括现在）的我认为，我在戏剧团努力工作，也是为了让妮可和亨利过得更好。可笑的是，作为戏剧导演，我深知情感和需求的重要性，却没有真正重视自己身边最亲近的人的感受。

➤ 完美的恋爱和幸福的婚姻生活

就在我想放松一下，好好享受、丰富自己人生体验的时候，我生命中最重要的女人——妮可——出现了。与其他年轻女子一样，妮可倾慕我的才华，对我一见钟情；妮可的活力和对我、对我的戏剧想表达的意思的精准理解，让我感受到了情感和灵魂的共振。我一下子便坠入了爱河。那是非常美妙的我中有你、你中有我、想时时刻刻在一起又永远都不会感到厌烦的感觉。我真正体验到了爱情的滋味。我们同居不久后，妮可便提出要与我结婚。这太出乎我的意料了，尽管我们深爱着彼此。我们还那么年轻，为什么要急于结婚呢？而且，说实话，我心里还想着多和几个女人睡觉，体验一下不同女人的风情呢。如果结婚了，我是不允许自己这样做的。我很早就发誓要做一个负责任的丈夫、父亲，要给我的妻子、孩子一个温暖的家。我不允许自己做一个背叛、伤害家人的男人。

我的决心抵不过妮可的痴缠。我享受沉浸在妮可的温柔乡里的感觉，也不忍心因拒绝而伤害她。我终于妥协，违背自己的意愿和意志同意她的结婚请求。现在想来，我是妥协了，但在无意识里，我最深的渴求不就是与相爱的人共同建造一个温暖、和谐的家吗？

既然决定结婚，我就要给妮可我能给予的最好的一切。我一直相信自己的品位，我在纽约的房子就是以我的审美来布置的。妮可住进来后，我也要以我的品位来添置新东西，我觉得这样会与原来的陈设更加和谐。我知道妮可是个很有主见的女人，她似乎并未明确反对我的选择，而是沉浸在与我在一起的喜悦中，我想，妮可还是满意我的选择及我为家庭花费的心思的。我们的婚礼在妮可的家乡洛杉矶举行，婚后我们很快便有了可爱的儿子亨利，亨利也是在洛杉矶出生的。当时，因为妮可的母亲在那里，我们得以有亲人的祝福和照顾，而我在心里早已斩断了与父母的关系，这也是为什么我比纽约人更像纽约人吧。原本引以为傲的事情，其背后却是伤痛，只是当时的我根本没有意识到。现在想来，一个人是不可能没有根的。越是没有根的人，对根的渴望就越强烈。我只是无意识地把妮可的家乡当成了我自己的家乡，把妮可的母亲当成了我的母亲。于是，我们在那里结婚，共同见证我们爱情结晶的诞生和我们生命的延续。有了妮可和亨利，我的家庭完整了，我感到很幸福。这种幸福感是我在以前的人生中从未体会过的。

我是一个不会在人前表露自己脆弱的人，我只会在电影、戏剧所演绎的他人的故事中流下悲伤的眼泪。但妮可似乎有种能感应到我心中所求的直觉，也许这是夫妻间无意识的共同知晓吧。妮可会把冰箱塞得满满的，这给我带来充盈感。是的，小时候，我家不仅气氛冷，冰箱也经常是空的，连冰箱里的霜都凝结着空洞。我从来没有告诉过妮可我小时候挨饿的事，我知道妮可母亲家里的冰箱也并不总是满的，但妮可在我们家里这样做，让我的心被填补得满满的。尽管现在我们经济无忧，但我从小因为家境贫穷养成的节俭习惯，在妮可的眼中成了优点。

　　戏剧是我的天分所在，也是我立足社会、养家糊口的保障。为了让我们家有更美好的将来，我更加努力地投入工作，甚至早早地就开始给亨利准备他读大学的钱。因为我自己读大学的钱是靠借贷和勤工俭学挣来的，我知道其中的辛苦，所以我不想我们的孩子也经历这样的心酸。但戏剧是小众艺术，我得很努力，才能维持艺术性和公司的收支平衡，并努力推动公司创造出更优秀的剧目，得到进一步的发展。我凡事亲力亲为，力求完美。妮可是个很有天分的演员。她原本是出演电视剧的，但在我看来，电视剧的艺术性和对一个人的表演能力的考验是不如戏剧的，尽管我嫉妒作为大众娱乐形式之一的电视剧受众广，而且一部好的电视剧可以让人挣很多钱。妮可也逐渐认同我在这方面的艺术观点，并且很乐意在我的戏剧公司、我执导的戏剧里表演。表演之余，妮可还会花很多心思在养育、照顾亨利上。我们琴瑟和鸣，一家人其乐融融，我的事业也蒸蒸日上。我感到很满足。

➤ 从矛盾出现到走向离婚

渐渐地，我们的关系出现了裂痕。妮可觉得我控制她、不尊重她的个人意志，控诉我把她的钱都投入戏剧公司中。我们是夫妻，妮可也是戏剧公司的演员，虽然我也希望不动用妮可的钱就能维持戏剧公司的收支，但有时公司的确周转不开。这是让我感到很挫败甚至有些羞耻的事情，妮可拿这个来控诉我，让我感到很愤怒，但更让我感到愤怒的是自己的无能。从小艰苦的生活和多年的舞台执导经验，已经让我养成了强硬的外表和强大的情绪控制能力。面对妮可的愤怒，我只会被激起愤怒，而为了息事宁人，我会以冷漠、逃避的态度来面对我们的分歧。妮可反复指责我没有按照之前答应她的那样多待在洛杉矶，可是，如果我答应了在洛杉矶的职位，那剧团该怎么办？我要为了在洛杉矶待一两年，把剧团解散吗？于我而言，剧团就是我的第二个家，我怎么能拆散它呢？回到纽约后，我又该如何重组剧团？剧团里的这些人都已与我合作多年，如果解散剧团，他们又将去向何处？这怎么能与在哥本哈根时大家都在那里排练、演出相提并论？每当妮可指责、怨怼我的时候，从前我的父母相互指责、吵架甚至打架的画面都会不由自主地在我的脑海里闪过，这些都是我努力逃避的，可妮可怎么就变成了我所讨厌的父母的样子了呢？向妻子解释并袒露我的不安，特别是在这种气氛下，我做不到。我已经习惯了硬碰硬，就像我小时候以冷漠、无视和无声的愤怒对待父母的暴力一样。如果我好好与妮可解释，她是否就不会一直在此事上耿耿于怀，觉得我完全无视她的需求？如果我好好与妮可解释，她是否就会对我有更多的了解和理解呢？我知道妮可是个很有灵气和想法的演员，她曾多次和我提起她想导演戏剧。可是，妮可没有执导经验，所以我总是担心，如果她执导不好怎么办？我们的剧团能承受得起辛苦排练的剧卖不出去的结果吗？我不是没有想过真的放手让妮可执导，但心中的不安总是让我在最后又把执导权握在自己手上。现在，她和亨利都离开我了，我反而能静下来，真正去反思她对我的控诉了。在妮可眼里，我的确控制欲太强了，我限制了妮可的发挥和发展；但妮可没有看到、我也没有告诉她的，是我的不安。或者，只有在他们走后，我才能更清晰地看到，我心中的不安，以及我为了掩饰不安塑造的强硬外表，给我们彼此的深入交流和相互理解造成了多大的阻碍。

几年里，妮可多次和我闹分居、离婚，最后我们还是和好了。但这一次，冷战的时间明显变长了。妮可将近一年不再愿意与我同房，我尊重她，一个人睡在客厅里。我也想努力改善我们的关系，但我的诚意似乎并不能落在她的眼里。很抱歉，我承认我出轨了。我需要女人精神和肉体上的温柔，借着醉酒，我和舞台监制玛丽安在一起了。我很愧疚，不敢让妮可知道，我怕她知道后，我们的婚姻会雪上加霜。但是，我也隐隐有一种报复的快感。是妮可惩罚我，才让我这么做的。我又做错了什么，值得她如此恨我和羞辱我呢？

妮可在洛杉矶有了拍电视剧的机会，她跟我说她要带亨利去洛杉矶。对此，我感情复杂。我知道这是她所期待的，但在个人情感上，我并不希望她和亨利离开我太久，尽管在这段时间里，我们已经进入分居调解的过程，但在我的幻想里，妮可和亨利依然会在我身边。是的，我从未真正想过妮可和亨利会从我的生活中消失。原来，我的渴望和懦弱，都让我不敢正视现实。

我们排演的戏剧，很快就要登上百老汇的舞台了，这对戏剧界的人来说，是很高的荣誉。妮可是这部剧的编剧和女主角，这么好的机会，她却要错过了；而且，我也担心替代妮可的人是否能够出演好这个角色，在我心里，妮可是不可替代的。不过，她拍电视剧会有很高的报酬，这一点一直让我嫉妒。如果她能够将拍电视剧挣来的钱放到为艺术付出很多却报酬很少的戏剧上，我倒是可以心理平衡一点。

最后一晚的戏剧演出结束后，我很想和妮可好好谈谈，谈谈我们之间的事。但一路上，妮可都没有正眼瞧过我，她的冷漠中带着怒意，我只好隐忍着悲伤，一路沉默不语。回到家后，妮可让我对她的最后一次舞台演出进行点评，如同我们以前经常做的那样。其实，这并没有什么意义。如果我不说，我会睡不着，但让我睡不着的并不是妮可的演出，而是她和亨利的离开，不过，出于习惯，以及感觉总算还有点儿话题可以说，我还是依妮可的要求指出了她的不足之处。妮可指责我强势、控制欲强，现在想来，我的确如此，不过，妮可也有这个特点。只是我表现在外，妮可表现得更隐秘。我们未曾开诚布公地谈过彼此在这个方面的性格特点给我们的生活带来的负面影响。多年来，我们一直在怨怼中忍受彼此，却从未认真想过积极、建设性的解决之道，最终导致这个家散了。我，真真正正地在毫无防备的情况下拼尽全力，最后妻离子散。

➤ 不断升级的离婚大战

我飞去洛杉矶找妮可和亨利，欢欢喜喜地与妮可分享我获得麦克·阿瑟奖的喜讯，因为我依然把她当成与我休戚与共的妻子，我也把奖金存在了我们共同的银行账户上。那天，我本想像以往一样，住在妮可的母亲家里。但是，离婚的法律文书狠狠地给了我一闷棍，把我整蒙了。我没有真的想过离婚，也没有想到妮可离婚的决心是如此坚决。我体验到了深深的被背叛感：我们不是说好了，不请律师，我们自己好好解决问题吗？我对此深信不疑，她怎么可以如此对我？

激愤之下，我找了洛杉矶最贵、应该也是最好的律师杰·马罗塔来应战。但与他见面后，我只感到自己是被宰的工具，他无限放大人性之丑陋，我与妮可即便离婚，也不应该如此丑陋。我很快飞回了纽约，通过忙碌的工作来隐藏我的悲伤，把回复离婚律师函的事情无限期地往后拖。向来无畏的我，第一次做了缩头乌龟。妮可的律师诺拉下的最后通牒，一下子把我敲醒了：我无法承受缺席审判的后果。

我仓皇失措地飞到了洛杉矶。在飞机上，我不由感慨，我们之间的距离，真的如从纽约到洛杉矶般遥远了吗？妮可究竟为何要让律师介入？为何我觉得自己并不真正了解她？我真的要失去家，失去亨利，失去她了吗？我心中的不安已经达到害怕的程度了吧？我居然带着大包小包去找律师，我真正害怕失去的是什么呢？我没有时间想这些了，找到律师这件事迫在眉睫。遇见伯特，让我在最狼狈、最无助的时候，感受到了过来人的温暖和被理解。可是，他太软弱了！在诺拉的办公室里，我真切地感受到了失去妮可、失去家、失去亨利的监护权的危机，我感觉自己多年奋斗赢得的一切，正在一点点被剥夺。一切都对我不利，妮可到洛杉矶提起离婚诉讼，是否早有预谋？愤怒包裹着我的恐惧！不，我不能就这样输了一切！杰·马罗塔对人性之恶的判断，似乎并非全无道理啊！不行，就算倾家荡产，我也要再战一回，我不能就这么输了！

尽管我已经下定决心换律师，但得知妮可那里断电，导致大门无法关闭，我还是不由自主地跑到她家，看能否帮上忙，我不希望她有什么不安全。她提出给我剪头发，我答应了。一样的蓝色浴巾裹身，让我心中百感交集。当时只道是寻常，往后怕是要"沉思往事立残阳"了。我们合力关上了大门，是的，我们合力，把我们之间的大门，彻底关上了。

再见时就是在法庭上刀锋相见了。为了打赢这一仗，我们都无限放大、攻击了彼此的疏忽，并努力将其变成缺点、污点；我们的离婚，变成了我最不想看见的、让我心里充满无限伤悲的丑陋互撕。我觉得自己已经几近崩溃了，但我得坚持住，我没有时间伤悲，仗还没有打完！

很意外地，妮可来找我，希望休战，因为我们的经济状况已经支撑不起高昂的律师费了。我何曾想过要打这场仗？一切不都是妮可搞出来的吗？她知道我有多恨她吗？她让我失去了一切！家，戏剧，这两个被我视为生命的东西，一个我将失去，一个对现在的我毫无意义！悲愤啃噬着我的骨头，我的每一个细胞！而她居然说我像我的父亲，那个毫无责任感、嗜酒且暴力的父亲，那个我完全看不上、无法认同的人！这是赤裸裸的羞辱，完全不可忍受的羞辱！我彻底爆发了，或者说，我彻底崩溃了！我真的巴不得这个女人死掉，有时，我甚至会幻想自己直接掐死她以解我心头之恨！如果不是为了亨利，她被车撞死，对现在的我来说简直就是最好的解脱！我真的这么想，我也把我的想法吼给她听了！

　　我深深地被自己震惊到了！我到底怎么了？我向来是个自我控制力很强的人，现在我却完全失控了！我真的不知道发生了什么，事情又是怎么到了这个地步的！我只想有一个温暖的怀抱，让我可以毫无顾忌地号啕大哭！现在再回首，那一幕似清晰真切，又似无比恍惚。我被逼到了极限，也痛到了极致！但情绪是越抗拒越顽强的，并不会因为我的无视而消失。我越是控制，反噬就越强。最终，那些恶毒的想法、意念和情绪，夹杂着我心底的失望、绝望和恐惧，喷薄而出！最爱的人，伤你最深！

　　尽管我多少预料到了结局，但不到黄河心不死的我还是决定把整个流程走完。妮可提出"到此收手"的建议，被我拒绝了。当巡视员到我家时，我和亨利正在吃晚餐，我在慌乱中把自己割伤了，虽然我极力掩饰，但我知道，一切都完了！为了不让亨利看见我的狼狈，我倒在地上，隐藏手臂上的血迹。我一败涂地，心痛到滴血，但这些只有我自己知道！妮可说得对，我好胜心强，的确如此！如果没有好胜心，我怎么可能在如此艰难的家庭条件下，走出一条属于自己的路呢？在离婚这件事上，妮可的确开了第一枪，我在中枪后拼命应战，甚至可以说是拼死一搏！最后，我们两败俱伤，或者说，妮可损失的只有律师费，而我则败得连站也站不起来，一无所有了！

　　我黯然离开洛杉矶，最后的探视权从百分之五十改成了百分之四十五，我已经因悲伤而麻木地直接签字了！我只想离开这个伤心地。愤恨过后，是沮丧、失败、绝望、孤独、酸楚、落寞……这些我童年时就品尝过但拼命抵制的情绪，日夜啃噬着我的心！我从未想过会真正失去他们，而在真正失去他们之后，我才发现，我比原来以为的更加爱他们，爱我们的这个家！家才是我的真正所求！失去他们，是我不可承受之痛！破镜，可以重圆吗？

➤ 悲欢离合

我必须放手一搏！尽管万般不忍，我还是解散了一直被我视为我在这世上的立足之本的剧团。离开纽约之后，我在洛杉矶找了一份工作。这几乎是一场赌博，完全不像我以前稳扎稳打的做事风格。推开妮可母亲家的门，迎面扑来的是那一如既往地洋溢着欢欣的气氛，我发现妮可有了新的年轻、帅气、阳光的男朋友，她一直是一个有魅力的女人！妮可的新男朋友和所有人都玩得很好，包括我们的儿子，他也很支持妮可的工作。我心下黯然，也很发怵，这本来是我的位置……妮可特地和我说，她获得的艾美奖提名是导演奖，我有点意外和愣神。我知道，她在提醒我，是我压制了她的导演天分，限制了她的发展空间，事实也证明的确如此。她的选择是对的。而我……不管怎么样，我还是告诉她，我在洛杉矶找到了一份工作，我想，她明白我的意思。我看到她的眼眶慢慢红了，她说这是好事，所以她也希望我到洛杉矶吗？

儿子在念什么？好像是妮可在分居调解期间写的我的优点，她当时执意不肯念，并愤然离去，我到现在也不知道她当时为何如此固执。在妮可的心里，我究竟是怎么样的一个人呢？我陪着儿子一起念，念到最后，我百感交集，泪流满面。我从来都没有想过，她在我们离婚的时候，依然是爱着我的！

又是一年万圣节！妮可把亨利让给我，是希望由他来陪在洛杉矶没有亲人和朋友的我吗？她像以往一样，自然地跑来给抱着亨利的我系鞋带，这一幕多么温馨！我们，还有将来吗？

妮可

➤ 冲破桎梏，开启明媚的新生活

十年的婚姻，在我坚决的离婚行动中走到了尽头。尽管我在离婚前也有过彷徨和不舍，但现在看来，我的感觉是对的："尽管前路漫长，但还是有阳光洒入，我感觉自己走在正确的道路上。"曾经给我注入活力的甜蜜婚姻日益变成桎梏，我终于勇敢地冲破枷锁，在我的家乡洛杉矶重新开启了生活和事业的新天地。我呼吸到了自由、热情的空气，浑身洋溢着生机与活力。

我知道自己在本质上是一个感性而又有闯劲的女人，我并不甘于在家做贤妻良母、成为成功男人背后的女人，我是要有自己的天地并走到台前的人。在离婚前和离婚的过程中，我对查理千般怨怼，现在看来，女人自己强大才是硬道理，怨责无用，自己争取才是王道。

我的生活忙碌而充实，夜深人静时，查理依然会出现在我的梦中，那里有我们一起开怀大笑的场景，也有他一人黯然的身影。我心疼他，也依然爱着他。查理身上导致我们离婚的性格特点，在我们刚认识的时候就存在，为何一开始我甘之如饴，后来却再也无法忍受了呢？我想，我的成长和变化，是其中的根本原因。

➤ 原生家庭中男性的缺位

我出生在一个演艺世家，我的母亲是电视演员，姐姐也是搞表演的。在我心里，我们三个是相亲相爱的一家人。我讨厌我甚至看不上我的父亲，尽管他为我的出生贡献了他的精子，但在我心中，他是个懦弱、不负责任、背叛母亲、背叛家庭的男人。我们很早就知道他是同性恋者，还在婚姻中不断出轨，对此我深恶痛绝。母亲是我们家的经济和情感支柱，我无法理解母亲为何能够容忍和这样的男人生活在一起，直到他生病死去。

➤ 迷茫与"男神"的救赎

不知为何，我在 20 岁拍完《巫山云雨》并大获成功后，感觉自己内心的什么东西死掉了。我很快与班尼订了婚，但这并没有给我的内心带来什么变化，我依然感到迷失和麻木，有时我甚至需要靠大麻来让自己感受到自己依然活着。一个偶然的机会，我在纽约看戏剧时看到了舞台上的查理，刹那间我像被电击了一样，心中的爱喷涌而出：我觉得自己活着，满怀激情。幸运的是，查理也爱我，我们很快便如胶似漆。看着稳定、干练、富有创意、凡事亲力亲为的他排演戏剧的过程，我终于知道我心中一直空缺的理想男人的模样。我很快便做了决定：我要与查理结婚，并在他的戏剧公司里当一名女演员。我们的生活和工作，都牢牢地绑定在一起。自此，我的人生有了方向，我枯竭的心也重新焕发生机。这是不是有点疯狂？但当时的我觉得这一切是那么地自然而然。

当多年后我在接受心理治疗的过程中回看这段经历时，我与治疗师讨论得出的结果是，父亲的缺位使我内心的男性形象和父亲形象缺失，而父亲是一个引导孩子走向外部世界、走向社会的重要外在人物和内在形象。这种缺失感在我拍摄《巫山云雨》时被促发，但我并未意识到，它演变为了麻木、对生活感到迷茫和失去激情，我想那时我是抑郁了。我下意识地想去填补内心的这个空缺，班尼做不到，而查理则完美地填补了。我认为，我和查理之间的爱恋和激情，无法完全用这种解释来说清楚，但它的确有一定的道理。无论如何，遇见查理，重启了我的生活。

是的，他曾是我的偶像、我的一切。他给我做的一切安排，我都体验为一个负责任的男人的爱的表白，也许，还有一部分体验是，没有得到过父亲照顾的小女孩，重新感受到了父亲般的无微不至的照顾。我的演技在查理的指导下也有了质的飞跃。我们很快便有了儿子亨利，以及一个正常的属于自己的家庭，我很享受照顾儿子、与儿子一起玩耍的时光。原来，我心里的家庭由我、母亲和姐姐三个女人组成。现在，我的心里又有了一个新的家庭。这两个我挚爱的男性让我从一个迷茫的姑娘变成了一个女人、母亲和妻子，也让我感觉自己更加成熟、丰富和有力量了。

➤ 我的成长和冲突

渐渐地，我不再以仰视的姿态看待查理，也不再喜欢他为我所做的安排。作为公司的老板，作为导演，查理在工作上管理着一切，而他，也让这种作风蔓延到了家中。我感觉到了不对劲，原来的我是个很有主见的人，但现在我怎么连家具选什么颜色都要听他的？与查理在一起后，我也开始认为，戏剧才是真正的艺术，而电视剧只是娱乐大众的一种形式。我再次感到迷失。他知道自己想要的，并明确表达、勇于追求；而我却越来越像他羽翼下的鸽子。这就是伴侣之间的投射性认同吧。在我们最初相遇的时候，我的确在他面前表现得像只鸽子，一只有个性却又迷失了的鸽子，他以看待鸽子的眼光来看待我，我一开始享受其中，但渐渐地，这种模式在我们的共同生活中固化下来，我真的变成了一只鸽子。不过，我骨子里的声音告诉我，我不是鸽子，我是一只想在空中自由翱翔的鹰。

我们之间开始冲突不断，我逐渐变成了一个心怀怨怼、经常指责他的怨妇，而我的指责换来的是他越来越多的沉默。我的愤怒和愤怒下的悲哀和失望，在争吵、冷战与和好的死循环中与日俱增。愤怒拉开了我们之间的距离，我越来越看到查理自我甚至自私的一面：他拿我的灵感和创意当作自己的；我的表演为戏剧增色不少，但他从未想突出我，只是想以此来突出他自己；他对我多回洛杉矶居住的要求、请求置若罔闻；他一再忽悠我，让我执导下一部戏剧。我的丈夫，甚至都记不住我的电话号码！我受够了！我觉得自己张不开手臂，一旦张开，碰到的就是墙，就是束缚！我不想在这牢笼里待着了！在百老汇上演的戏剧的女主角（我，同时我也是这部戏剧的编剧），展示的就是我的现状：一个被献祭的女人！那一身红衣，是我的阴郁内心里流淌的血！

"如此罪恶怎会节制！背叛亡者怎会是正义的？人类怎么会变得如此背信弃义？我不要不虔诚的人的赞美！我不要与他们安然地共处一室。我的血管中仍然流淌着高贵者的血液！我要辜负我的父亲，压抑自己的眼泪，斩断悲伤的翅膀！难道他的尸首注定要在土里不幸地腐烂，最终化为乌有吗？难道杀害他的凶手注定会幸灾乐祸，永远不用血债血偿？！"

这是我的泣血之歌！我要辜负我的父亲，压抑自己的眼泪，斩断悲伤的翅膀！是的，在心理成长和戏剧表演上，查理的确作为父亲的形象存在过！但，究竟是谁杀死了这个父亲？我决意离婚，是我凭女人的直觉，感到查理和舞台监制玛丽安之间应该发生了点什么，准确地说，我怀疑他们上床了，而我的直觉一直很准。我感到伤心、愤怒和被羞辱。而且，我一直憎恨、看不起出轨的男人，这是压死我们婚姻关系的最后一根稻草。我怎么能安然地与背叛者共处一室？

分居调解员要我们写下彼此的优点。我悲哀地发现，我依然爱着查理，我眼中的他，依然有那么多闪光点。我不想让查理知道这些，我甚至讨厌自己都下定决心离婚了，但还爱着他，我更讨厌调解员那种"我有理，你得听我的"的态度，这和查理如出一辙，这两个人就如同一丘之貉，于是我愤然离开了调解现场。

今晚，我会在查理的戏剧团进行最后一场演出。我的心中郁结着巨大的悲伤，我无法全然地投入角色，故而无法饱满地呈现出角色的情感。在回家的路上，我和查理漠然地坐在车里，无语相对，在离开查理走向房间的那一刻，我的泪水决堤而下。我的心很痛，割舍掉查理，割舍掉这段关系，割舍掉这个家，就像把我的心剜掉一样。但如果不离婚，我会慢慢死掉，我感觉我心中的花火已经在窒息中慢慢熄灭了。我并非只是去洛杉矶拍戏然后就回纽约，我是想逃离在纽约的窒息生活，我不要再回纽约了。但我一定要让亨利留在我身边，否则我会受不了的。

➤ 离婚大战和对查理的全新的认识

母亲和姐姐对我真的是无条件地支持。尽管她们都喜欢查理，也不理解我为何执意离婚，但她们还是热心地帮我介绍离婚律师。可惜，没有一个律师让我满意，直到我意外地遇见了诺拉。她是那么精致、干练、优雅、温暖又善解人意，第一次见面时，她就让我卸下心房，把婚姻中所有的痛和泪都说与她听。离婚带着孩子的她，也让彷徨且缺乏自信的我看到了离婚后过上美好生活的希望。在她的鼓励和支持下，我真正打响了离婚的第一枪：给查理寄离婚律师函。

是的，查理是说过我们不要让律师介入我们的离婚，我们在纽约谈过离婚这件事了，却从未真正涉及查理监护权的问题。让我感到高兴的是，从律师这里，我知道，在法律上，我和查理在洛杉矶结婚，亨利在洛杉矶出生，这对我获得亨利的监护权非常有利；而且，亨利是我带大的，他喜欢查理，但更黏我，更喜欢跟我在一起。

有诺拉做我的坚实后盾，我在离婚这件事上轻松了许多。在离婚的过程中，我还是忍不住想求证，查理到底有没有出轨？曾经的我们"恩爱两不疑"，现在要各奔东西了，我还是想确认一下，我曾经深爱、现在也还爱着的这个男人，是否也会像我的父亲或很多男人那样出轨。或者，我更希望的是，我心中曾经的那个理想的男人的形象不要倒塌。我做了自己以往非常不屑的事情——查看他的邮箱。结果让我非常愤怒，我的直觉是对的。我在电话里大骂他，但他似乎没有任何愧疚之心，这让我更加愤怒了。为了报复他，也为了摆脱他给我带来的影响，我又做了一件我以前绝对不会做的事情：我"半出轨了"灯光摄影师。出轨在我心里绝对是条红线，即便在离婚阶段，我也不允许自己完全出轨。发泄完愤怒后，我感到深深的失落和悲伤。

我是个要强的女人，不会轻易显露自己的脆弱，特别是当关系起波澜时。那时，我认为自己在努力修复我们的关系，现在看来，我心中的憋屈和怨恨，使我无论做什么都无法真正从心而发，这又如何让两颗隔阂的心重新靠近呢？我想，查理也是这样的。我们的情绪表达方式，对我们真正认识完整的彼此，对我们的亲密关系，应该弊大于利吧？找一个合适的伴侣治疗师，会对我们的婚姻有帮助吗？我并不是一个很传统的女人，但在出轨这件事上，我无法忍受。是否因为母亲对死去的父亲太纵容了，所以我承受了一部分来自母亲对出轨的愤恨，而姐姐则干脆选择不结婚？查理出轨，真的就证明他很"渣"吗？凭良心说，他算是忠诚的了。他的周围一直不乏莺莺燕燕，但在我们相识的前九年里，他真的没有出轨的行为。男人对性的需求，本来就和女人不一样；在我们冷战、分居的时候，他表面上很冷静，内心也很苦闷、沮丧吧？

在离婚的过程中，有一幕让我重新认识了查理。当他的律师伯特和诺拉基本谈妥了离婚的细节后，他重新聘请了马罗塔。我知道查理争强好胜，但我没想到他居然会那么疯狂。这让我们的离婚大战直接进入了白热化阶段，同样可怕的是，律师费飞速飙升，我的母亲都把房子抵押出去了，查理肯定也过得很拮据。我很生气，为了解决这个问题，我尽量冷静地与查理商量，希望官司不要再打下去了。后来，我深刻地认识到，这么多年来，我们都无法冷静地交流、解决我们的问题，又怎能在白热化阶段保持冷静呢？我怒骂查理和他的父亲一样，这让查理直接爆发。我们在愤怒中彼此攻击，最后查理咒我死的时候，我惊呆了。这个查理与我认识的那个情绪稳定、永远也不会感到挫败的查理是如此不同！他是那么感到挫败、失控、悲伤、绝望、无助、惊慌失措，像个孩子一样哭着跪倒在地！我忍不住上前抱住他，哀恸不已……查理已经不是我心中那个理想的男人了，此刻，我眼中、心中的他，比以往真实、真切很多。那一刻，悲伤让我们如此靠近！他经历过那样不堪的童年，他用尽所有力气成长得足够优秀和强壮，他心里的那个孩子，被他遗忘。我从未看到过、想到过的孩子，在这一刻淋漓尽致地表达着他自己，也表达着他深刻的挫败感和绝望……

➤ 此情可待

为了我和亨利，查理来到洛杉矶工作，这让我感到意外，那一丝欣喜却让我红了眼眶。我在门口看到亨利正在和查理一起念我写下的查理的优点，我百感交集，泪流满面！万圣节那一天，查理抱着累坏了的亨利，我也抱着查理怀里的亨利，一家人的温馨感觉重回心头！我已经向着新的生活前行，也有了新的男朋友，未来如何，就让它自然而然地发展吧。但我知道，我总能在迷茫中找到一条路，不断地更新、塑造一个更好的我！

亨利

不知从何时起，爸爸和妈妈开始吵架、冷战，原来轻松、快乐的家庭气氛变得有些压抑。原本晴朗的天空开始飘上乌云，我不由自主地就会多去关注爸爸和妈妈的状态。不过，他们过一段时间就会和好，那时我又会感到无忧无虑了。当吵架、冷战又不时出现的时候，我努力让自己适应这种情况，不再那么敏感，我尽量让自己不再那么担忧。我想，过段时间他们又会和好吧。可是，这一次爸爸睡在客厅已经快一年了，我想，他们是不是真的要离婚了？那，我会和谁一起生活呢？我不能去和爸爸、妈妈说这个，也不想和其他小朋友说，我突然体会到了孤独是什么滋味。我想和爸爸、妈妈在一起，但他们离婚了，所以这显然是不可能的。我还是喜欢妈妈多一些，从小到大，一直是妈妈陪着我。

爸爸是个有原则、执行力强的人，有时他会叫我做一些我不那么喜欢做的事，虽然我不喜欢，但他并不是一个不讲理的人。他会很有耐心地陪我读书，在我晚上害怕的时候陪着我，他总是那么温柔。有一天，我看到妈妈一个人在房间里流泪，原来在我心中开朗、热情、很会玩的妈妈，也会那么悲伤和孤独，我想多陪陪妈妈，也想妈妈多陪陪我。我早就开始一个人睡觉了，但现在我跟妈妈撒娇，让她陪我睡觉。我感觉妈妈是乐意这样做的，虽然爸爸反对。

我和妈妈一起来到洛杉矶，这一次我感觉他们真的要离婚了，而且妈妈开始带我去见律师，我知道这意味着什么，尽管我没有具体问她。我喜欢洛杉矶，这里有更多亲戚、妈妈的朋友，以及其他可以一起玩耍的孩子。后来，爸爸也带我去见了律师。我知道他们开始打官司了，我很难过，但我尽量不表现出来。我喜欢在洛杉矶生活，而且我可以和妈妈在一起，这样比和爸爸在纽约好。

在洛杉矶的日子里，爸爸显得比以往更焦躁，我跟他在一起时并不那么愉快。万圣节那一天最明显。我知道他从纽约飞到洛杉矶很辛苦，可我已经过了一个很愉快的万圣节了，为何他还要我三更半夜再出去一趟呢？我想玩的时候，他又不陪我玩。爸爸就是这样，总是努力要把他原来的计划执行下去，这一点让我很不喜欢。

我不知道为何有个阿姨要到爸爸临时租的房子里和我们一起吃饭，但我猜想这肯定和爸爸、妈妈离婚有关，也许她是来看爸爸怎么照顾我的吧。吃晚餐的时候，我突然冒出一个念头，让爸爸陪我玩小刀游戏。爸爸和外婆玩过这个游戏，他说过这是危险的，所以他并不和我玩，只在我撒娇的时候佯装和我玩了两三次。我想，大人应该是不能拿刀和小孩子玩游戏的，如果真这样做的话，爸爸对我的照顾就不算好吧。阿姨走后，我看到爸爸倒在厨房里，他说没什么，但我看见他好像很痛苦的样子。我不知道他发生了什么，但他一直是很坚强、能独自面对并处理很多事情的人。他不想让我知道，那我就离开吧。

爸爸、妈妈最后还是离婚了，我也如愿地和妈妈一起待在了洛杉矶。妈妈有了新的男朋友，这个叔叔对我也挺好，可我对爸爸的思念开始变得越来越强烈，特别是在晚上睡觉的时候。有一天，我在妈妈的抽屉里看到了写有爸爸优点的纸。妈妈说她会永远爱爸爸，那她为什么要和爸爸离婚呢？她还会和爸爸在一起吗？

爸爸来看我了，我扑到爸爸怀里，紧紧拥抱着他。我不想失去爸爸，不想爸爸只是偶尔来看我，我真的很希望可以像以前那样每天都看到爸爸，和爸爸生活在一个屋子里。我听到爸爸和妈妈说，他要来洛杉矶工作了，我非常高兴。我知道，爸爸肯定是为我们而来的。我把妈妈写爸爸优点的纸拿出来，并念了起来。我想让爸爸听到，而爸爸也果然听到了，他走过来陪我一起念。我看到爸爸哭了。原来爸爸也会脆弱！他以前一直告诉我，男子汉要坚强！我偎依在爸爸身旁，心里也很难过。我们一家人，还可以一起生活吗？

✳

悲伤的风
摇曳出一朵花

第七篇　人性的光辉

——《布达佩斯之恋》中的拉斯洛呈现的爱与关怀

✳

伟大

在平凡的幸福中

在危机下的抉择

精神分析将人格水平分为三或四个等级：精神病水平、边缘水平、（中间水平和）神经症水平。这三种人格水平是如何划分的？我们中国人喜欢说十年树木、百年树人。在此，我也以树喻人，简单地说一下这三种人格结构。想象一株花开满枝的树，树干坚实。树根深扎给予养分的大地，根系繁茂。树干上有不同水平的枝丫，即便直接从树干上分出去的枝干折了，也不会影响这棵树的存活。无论是树枝折了还是没有折的树，用来喻人的话，我们都可以将其人格结构称为神经症性的人格结构。我们还会看到，因为种种原因，有些树的树干上需要绕一圈用以加固的木头，以防止树干倒下。我们可以将这样的人的人格结构称为边缘性的人格结构，其特征就是稳定地不稳定着，或者不稳定地稳定着。这样的人身份感不稳定，情绪不稳定，人际关系也不稳定。因此，他们需要去纠缠他人，才能让自己保持不稳定地稳定，以免崩溃，就像这些树需要外在的助力来让自己保持稳定一样。而精神病性的人格就像树根烂了一样，从远处看，树貌似正常，但近观的话，我们会看到其枯败的景象。也许轻轻一碰，或者没有什么事情发生，这棵树就会倒下。《飞行家》中霍华德人格的一部分，就属于精神病性的人格结构。

在精神分析的视角下，我们正常人的人格最高也就处于神经症水平。在我看来，这是精神分析的仁慈之处，我们在红尘中都是历劫而来，每个人都有或深或浅的伤痕。这个世界上没有绝对的正常人，我们都带着自己的问题生活着、前行着、痛并快乐着。这种划分方式也是精神分析的悲观之处。既然大家都是带着问题前行的，那么有问题就是正常的，说"神经症水平"，多少有点把正常现象病理化了。这种感觉在我用这个视角看拉斯洛时特别明显。因为亲爱的拉斯洛充分地向我们展示了成熟、高贵的人格品质，我不喜欢用"神经症水平"去冠名他的人格，即便是高水平的神经症性人格。

拉斯洛的成熟人格

我们先来看看影片是如何向我们展现拉斯洛的成熟人格的。他热情、快乐地生活着，这是他和伊洛娜的共通之处，也是我们现在所说的，他的存在本身，就散发着"正能量"。一个人的人格，无非体现在工作、人际关系特别是亲密关系，以及面对挫折甚至生死时的耐受力和灵活度上。

➤ 享受工作、坚持原则、不惧权威

在这个世界上，有工作能力的人有一大把，但热爱并享受自己工作的人，就远没有那么多了。毫无疑问，拉斯洛热爱他的餐厅，热爱他的工作。他精心经营着以他的名字命名的餐厅，而他的餐厅在布达佩斯也是榜上有名的，他自己也为此而感到自豪。他有自己的原则，并不受犹太传统和权威的束缚。这表现在当那个知名的犹太数学家、政府机构要员和他说"星期天是犹太人的安息日，餐厅不能营业"时，他不卑不亢地回答："我的餐厅年

中无休。"他维护了自己的立场，同时以送数学家饮料来缓和其稍有不悦的心情，使气氛又变得愉悦、融洽起来。关键是，这一切他做得水到渠成、天衣无缝，没有一丝卡壳或"做出来"的味道，让人感觉很舒服。

➤ 在谈判桌上纵横捭阖、合作共赢

在帮助安德拉什的曲子获得出版权和赢取版权费上，拉斯洛简直大获全胜。伊洛娜和他一说，无需任何准备和筹划，他就能泰然自若地安排一切。要想在谈判桌上取胜，需要灵活性，更需要坚定的立场和气势，而坚定的立场源于对形势的正确判断和对争取、维护自身利益的热切渴望。要知道，他帮的可是他的情敌安德拉什。拉斯洛以一敌多，为寂寂无闻的安德拉什赢得了比当时炙手可热的乐队还要高的版权费。出版商中有人稍有不悦，也被拉斯洛用"打一下、捋一下"的技巧（这里的"捋一下"指的是他开陈年香槟庆祝）抚平了。同样的技巧不是人人都可以学会并使用的，因为拉斯洛用这种技巧的时候，是带着他的气势和容纳、感染人的能量的，他可以用得得心应手，而不具备这种心理能量的人则有可能东施效颦。这个世界上有能力的人很多，可能你还不知道自己处于什么状态，但敏锐、阅历丰富的人一下子就可以把你看穿，如果是在谈判桌上，你很可能就被压着打了，除非对方很友善、很公正。不过，既然是谈生意，那么每个人都是想在现实允许、遵守共识的前提下获得自己的最大利益的。除非他的出发点是做慈善，或者帮朋友的忙。就像拉斯洛帮安德拉什赢得出版的机会及很高的版权费，却分文不取一样。当然，作为生意人，拉斯洛也在这个过程中为自己争取了一席之地：在唱片的封面上写上这首曲子出自沙保餐厅，只不过这是问出版商要的，而不是问安德拉什要的，他也不需要与安德拉什商量。他有能力，也觉得自己有资格为自己争取对自己有利的东西，由此我们再次看到了拉斯洛的人格特征：有主见、运筹帷幄、坚定。最后，他争取到了"四赢"的局面——安德拉什、出版商、他自己和他的餐厅，还有伊洛娜，毕竟这主意是伊洛娜先想到的。拉斯洛不仅在谈判桌上大获全胜，还赢得了伊洛娜的心。

➤ 亲密关系中的勇气、坚定、尊重和信任

相对于工作特别是工作能力，人际关系尤其是亲密关系更能体现一个人的人格成熟度。

拉斯洛是在坚持维护自己的原则和利益的前提下八面玲珑的人，这一点我们从前文中可以看得很清楚。在影片中，他几乎不曾甚至从不因为自己内心的痛苦和冲突而在人际关系中引起事端。在和伊洛娜的关系中，他充分展示了爱，勇气，对对方的欣

赏、尊重和信任，以及与对方分享并共同承担的成熟心态。对伊洛娜动心的男人很多，但我相信有些人只敢将爱放在心里，一如一开始的安德拉什。但拉斯洛勇敢地去追求了。敢爱伊洛娜的男人不容易，作为这样一个尤物的情人，这个男人不知道要面对多少或明或暗的竞争，而伊洛娜又是这么一个率性、随心所欲的女人。拉斯洛不仅爱了，还向伊洛娜求婚了，不过他的求婚很有技巧和分寸，给彼此都留了余地："很多男人都梦想着你永远在他们的浴缸里。"伊洛娜的拒绝也很含蓄，"我希望一切顺其自然"。拉斯洛有点沮丧，伊洛娜也觉察到了，于是给了他点儿甜头：邀请他来帮她擦背。两个人很快又享受了情人间的欢愉。

　　一个成熟的人不会把对方在某件事上对自己的拒绝当作对自己这个人的拒绝，进而影响自己的自尊或自我价值感。他会懂得对方作为一个独立的个体存在，有她自己的需求和选择的权利。前提是，他能够感知到自己作为一个独立的个体存在，有自己的需求和选择的权利。他能够感知并尊重这种不同的个体在需求和选择上的差异，享受这份关系给他带来的滋养和快乐。影片展示的拉斯洛的形象其貌不扬，也并没有什么让伊洛娜动心的艺术才华，但他还是凭借自己的爱意、勇气、坚定和自信抱得美人归。他向伊洛娜求婚，是因为他希望、也相信自己能够让她幸福。

➤ 经受三角关系的考验

在和伊洛娜的关系中，真正考验拉斯洛的是安德拉什闯入了他们的关系。安德拉什和伊洛娜一见钟情，拉斯洛也觉察到了，作为老板和情人，他完全可以把这爱的火苗扼杀在萌芽状态：不承伊洛娜的情，破例给安德拉什面试的机会。他没有这样做，我想这一方面是因为他对自己、对他和伊洛娜的关系的自信，另一方面是因为他知道，该发生的总会发生，没有这个安德拉什，还会有另一个安德拉什，他不可能总是四面楚歌地防着他人，这不是他的性格。他知道：每个人都有自主选择权，每段关系的发生也都是自然而然的，这完全在他的掌控范围之外。与其费尽心机地控制，不如放下，让关系随缘漂流。之后，伊洛娜和安德拉什情愫日长，在伊洛娜生日那天，安德拉什献上了《忧郁的星期天》，其才情和心意也彻底征服了伊洛娜。如果拉斯洛没有那么大度，没有那么民主，没有那么主动地对伊洛娜说"我先走，你好选择"，那天晚上，伊洛娜还是会跟着他走的。但第二天、第三天呢？要发生的总会发生，特别是对灵魂不羁的人来说。拉斯洛的灵敏和开放只是促成了伊洛娜和安德拉什走到一起，但这绝非主要因素。可世间又有几个男人能够这么主动地给予自己心爱的女人这样的自由选择权呢？

最让人意想不到的是，在经历了失去伊洛娜的痛苦后，拉斯洛知道自己依然爱着伊洛娜，伊洛娜也爱他、需要他，于是他主动提出了"和平"的解决方案：他和安德拉什共享伊洛娜。伊洛娜自是欢欣雀跃，对她而言，这是最理想的，而安德拉什是被动地接受了。拉斯洛的理由是："我宁肯要一半的伊洛娜，也不想完全失去她。"拉斯洛没有沉浸在被抛弃的沮丧、怨恨和愤怒的情绪中，而是根据自己的需求、现状和条件，尊重无奈和局限性，提出一个与伊洛娜"共赢"的解决方案。其实，从长远来看，安德拉什也"赢"了。因为伊洛娜被安德拉什的才华所吸引，说明二人也是有缘分的，但安德拉什的心是承载不了伊洛娜这样的女人的，对安德拉什而言，伊洛娜在一定程度上扮演了母亲的角色。所以，三个人这样在一起，倒是形成了比较稳定的三角关系。虽然在三角关系中，嫉妒和竞争所带来的郁闷和愤怒是免不了的，但哪有什么最佳方案呢？

➤ 挽救汉斯·威克的生命

关于拉斯洛和情敌安德拉什的关系，我们在前面安德拉什的故事中已经进行了叙述。下面我们来看看拉斯洛和影片中另一个重要的男性汉斯·威克的关系。威克在遇见拉斯洛的时候，是一个怀揣着伟大梦想的德国"愣头青"，而拉斯洛是坐落于匈牙利的首都布达佩斯的一家著名餐厅的老板。威克光顾了拉斯洛的餐厅，爱上了伊洛娜，于是在布达佩斯逗留期间，他频频光顾拉斯洛的餐厅。在伊洛娜生日那晚，这两个本来没有交集的男人，却上演了一场生死大戏。

那天晚上，两个男人都很失意，他们一个被相爱多年的情人放弃，另一个单相思并遭到了拒绝。两个人都来到河边修复自己的伤痕。我忽然觉得水很有意思，影片中的这条河也非常有意思。水是生命的源泉，可以激发灵感和创造力；而泪水是洗净心灵的种种创痛、弥合心灵伤口的良药。拉斯洛对威克和安德拉什的救赎都发生在这条河边，而影片中拉斯洛、安德拉什和伊洛娜三人温馨、和谐的共处，以及伊洛娜在水中嬉戏，尽情展现女人的美和生命力的片段也都发生在这条河边。

好，现在让我们回到那天晚上。拉斯洛忧伤地一个人望水静思，而威克则冲动地想投水自杀。拉斯洛把威克救上了岸，然后又成功地挽救了威克：精致、细腻、生动地描述威克极为喜欢的牛肉卷的烹饪过程，激发威克对生的渴望和乐趣。危机干预的核心之一是抓住寻求自杀的人的生之欲望，并激发起这种欲望。而能激发每个人生之欲望的东西是不一样的。对处于口欲期的威克来说，激发他生之欲望的是牛肉卷；对在大方向上已经到俄狄浦斯期并具有灵性的安德拉什来讲，激发他生之欲望的是他生存的意义——寻找曲子所要传达的意义。但更深层的、能激发人的生之欲望的是爱，是一个生命对另一个生命的真切的关注与爱。而拉斯洛无疑是心中怀有大爱的人。

接下来，拉斯洛把威克带回自己家中照顾，并在第二天送威克到了火车站。也许，我只能用拉斯洛和威克在离别时的对话来诠释他所做的一切。威克说："感谢你，来日我会报答你的。以牙还牙，以眼还眼。"拉斯洛说："那是动物的做法，人和动物不同，人有人性。"人有人性，这句话让我感动得心情起伏，双眼湿润。我只想说，在我眼里，拉斯洛诠释了尘世生活中的人所能达到的最高人格境界。同样是失恋（准确地说，威克不能算作失恋，只是幻想破灭），威克冲动地想自杀，而拉斯洛则放下自己的悲伤，投入对他人的救助和照顾中，不期待回报地付出，并对感谢自己的威克说："这是我昨晚做的最好的事情。"也许，这就是一种能量的升华，与其将能量投注在对小我的自哀自怜中，不如将能量投注在更为利他的行为上，这样获得的自我肯定和自我满足感也越大。

几年后，威克回来了，回到了布达佩斯这座美丽的城市。只不过，他的身份不一样了，他成了掌握犹太人生死的纳粹军官，而他更真实的秘密身份是商人，他希望通过战争、通过犹太人的生死、通过他手中掌握的权力，换取财富并获得掌握欧洲经济命脉的犹太人的人脉资源，以建立他梦想的贸易帝国。而他昔日的救命恩人——拉斯洛——就是个犹太人。拉斯洛和拉斯洛的餐厅，是威克整个布局中的重要棋子。其实，威克打一开始就没准备真正放拉斯洛一条生路，而是要利用拉斯洛搭起他和重要的犹太人交易的桥梁。威克就是个禽兽，应该说连禽兽都不如。伪君子比真小人要可怕得多。

精神分析中讲的投射，常常指的是一个人把不能接受的自己身上的一部分放在别人身上，这一点我们在前文中已经介绍过。其实，投射无处不在，一个人也可以把自己接纳的美好的品质，放在根本不具备这样品质的人身上。我见青山多妩媚，料青山见我应如是。很多时候是这样的，尤其是当一个人真的和另一个人在一起的时候。但很不幸的是，当一个人是和一个禽兽不如的人在一起时，这份善良就会被利用，变成对自己的一种灾难。拉斯洛一开始也把自己的善良投射到了威克身上，他相信威克会保他平安，因此他也没有积极地为自己另外寻找机会和生路。可随着事态的发展，精明的他渐渐看清了威克的本质。安葬完安德拉什后，他在墓地与威克的谈话，让他完全明白了威克的用意。他做了必死的准备，但为了他的族人的生存机会，他积极、内敛、沉郁地配合着威克的计划，与此同时，强烈的生本能让他依然抱着一丝生存的希望。从不关门的沙保餐厅闭门谢客了。此时，拉斯洛的人格品质再度升华，这一次是他放下个人的生死，为了族群的生存做努力。只不过这次升华，让我为他感到万分悲伤。

➤ 有尊严地面对死亡

前面我们说过，拉斯洛诠释了尘世生活中的人所能达到的最高人格境界。只不过，这样的人在整个社会环境陷入灭绝性的疯狂中时，也难免在铁蹄下丧失尊严。人格的塑造和人格形式的展现，是依环境而生或灭的。先是威克的同伙在酒后拿枪指着拉斯洛，声称要毙了他，拉斯洛恐惧地举起双手，蜷缩在地上。再是威克这个禽兽不如的东西和他的同伙在拉斯洛的餐厅里公然侮辱拉斯洛，并要拉斯洛讲个笑话。恐惧下的拉斯洛口不择言，讲了个不利于他却很反映他内心的笑话：玻璃眼球里还有点人性，真实的眼球里半点儿人性都没有。他在当面说威克。恐惧下的愤怒，是讽刺性的黑色幽默。只是这黑色幽默，把紧张的气氛拉到了让心脏凝缩的冰点和燃点。

在巨大的死亡威胁下，拉斯洛的生命力也在慢慢萎缩。《忧郁的星期天》这首来自死亡的召唤的曲子，对拉斯洛的影响越来越大，他愤怒地砸向播放着这首曲子的收音机，忧郁、绝望、无助、无奈地和伊洛娜各自仰躺在浴缸的一角，与影片开始时二人那充满情欲、情趣和生命力的浴缸场景形成了鲜明的对比。

但成熟、高贵如拉斯洛，他很快就看清了形势，在无法避免被践踏、被屠杀的命运下，他选择了去拯救自己的同伴、然后自行了断的路，来赋予自己的生命以意义和尊严。这也是维克多·弗兰克尔（Viktor Frankl）所说的，在任何已经给定的环境下，个体都有自由的意志来决定自己的生活态度，决定自己的生存方式。只可惜，拉斯洛没来得及自行了断，就被纳粹给抓走了。在即将开往集中营的火车上，在看到威克的那一刻，他的内心还是升起了一丝希望，对生的渴望和心中的善良，使他对威克还抱有幻想，但幻想破灭得比肥皂泡还快。在火车门关闭的前一刻，拉斯洛微微扬起头，沉静、肃穆地接受了自己的命运，他的眼神里不再有恐惧。

从埃里克森的生命发展阶段看拉斯洛

➤ 埃里克森的生命发展的八个阶段

社会精神分析家埃里克·埃里克森（Erik Erikson）认为，人从一出生就一直与周遭的人、环境进行互动，并在这种互动中逐渐建构和完善自己的心理，获得各种心理品质和心灵的成熟。他把人的一生分为八个阶段。第一个阶段是从出生到 1 岁的婴儿期，在这一阶段，生活中最重要的事情是被喂养，个体的中心问题是"我是否可以信任周围的环境、周遭的人"。成功度过这一心理危机的结果是在心灵深处建立希望。第二个阶段是从 1 岁到 3 岁的幼儿期，这一阶段的重要事件是训练大小便，个体的中心问题是"我能独立行动吗"。个体会挣扎于"自主还是感到羞愧、怀疑"这样的冲突，成功度过这一心理危机的个体，能感受到自己的独立意志并觉得自己可以实现自己的意志。第三个阶段是从 3 岁到 6 岁的学龄初期，即幼儿园阶段。这一阶段的重要事件是探索世界，个体的中心问题是"我能成功地执行自己的计划吗"。这一阶段的冲突在于主动和内疚之间的冲突，成功度过这一心理危机的个体将获得目标感。第四个阶段是从 6 岁到 12 岁的学龄期，也就是小学阶段。这一阶段的重要事件是上学，个体的中心问题是"与别人相比，我是有能力的吗"。这一阶段的冲突在于勤奋与自卑之间的冲突，成功度过这一心理危机的个体将发展出自信，并觉得自己是有能力的。第五个阶段是从 12 岁到 18 岁的青春期，这一阶段的重要事件是发展社会关系，个体的中心问题是"我到底是谁"。这一阶段的基本冲突是形成自我身份和身份感混乱之间的冲突，成功度过这一心理危机的个体将获得忠诚这一美德。第六个阶段是从 18 岁到 29 岁的成年早期，这一阶段的重要事件是发展亲密关系，基本冲突是亲密和孤独之间的冲突，成功度过这一心理危机的个体将获得爱这一品质。第七个阶段是从 30 岁到 64 岁的成年中期，这一阶段的重要事件是工作和养育下一代，个体的中心问题是"我在生命中留下我的痕迹了吗"。这一阶段的基本冲突是生产、创造和停滞之间的冲突，成功度过这一心理危机的个体将获得关怀这一品质。第八个阶段是 65 岁以后的成年晚期，这一阶段的重要事件是对生命进行反思，即"我的生命是有意义的吗"，基本冲突是自我统整和绝望之间的冲突，成功度过这一心理危机的个体，将获得智慧这一品质。

当然，心理的成长并非线性递进的过程。某个阶段的停滞或缺陷，会影响下一个阶段的发展，但也并不是说之后的发展就会完全停止。在适当的条件下，这些停滞或有缺陷的发展阶段可以重启，并带动后续阶段的发展。这是心灵的可塑性和韧性所在。

➤ 拉斯洛的爱、关怀与智慧

真正的爱与关怀，是非常成熟的心理品质。影片中的拉斯洛充分地呈现了爱与关怀的美德，也在不经意间流露出其人格中的智慧。他友善地对待周围的人，勤快、热忱地经营着布达佩斯著名的、以他的名字命名的沙保餐厅。以自己的名字命名餐厅，是他对自己全然的接纳与肯定。他爱自己，深爱伊洛娜但依然能够放手并给予尊重。在备受失恋打击的当晚，他没有沉溺于自己的悲伤，而是毫不犹豫地、无私地挽救想跳河自尽的威克并在情感上予以关怀。尽管备受三角关系的折磨，对安德拉什感到愤恨和嫉妒，但拉斯洛依然欣赏并尊重安德拉什，涵容对安德拉什的复杂情感，在安德拉什想自杀时尽力挽救安德拉什的生命，并帮安德拉什保管用来自杀的药物。这是对安德拉什的爱与关怀，也是对生命本身的爱与关怀。在清晰地知道自己生存无望后，他依然与威克合作，积极投入救助自己族人的活动中。

这让我不由自主地想到我在上中学时看到的关于羚羊飞渡的文章。文章讲的是羚羊在被猎物追击，要跳跃到另外一座山逃命时，年老的羚羊会先跳到两座山之间，给年轻的羚羊当垫背，以帮助年轻的羚羊成功地跳到对面的山头而不至于跌死于悬崖下。对自己的族群、对人、对生命本身的深刻的爱与关怀，使得拉斯洛自然而然地选择了这样的道路。最后，他昂起头，有尊严地赴死。他的生命是圆满、整合而有意义的。多年以后，沙保餐厅带着他的精神，依然矗立在布达佩斯。他活在伊洛娜和她的儿子心中，活在被他救助过的犹太人心中，活在我——一个观影人——的心中，甚至活在活死人威克的生命中。

✳

有的人死了

他还活着

生活，就是修行的道场

第八篇　女人、情义与故乡

——《江湖儿女》呈现的女性成长之旅

✳

我曾鲜妍恣意

愿为花儿依偎、衬托大树

绮念幻灭

我自己成了大树

　　由贾樟柯执导并担任编剧的电影《江湖儿女》在 2018 年第
71 届戛纳电影节上获得主竞赛单元金棕榈奖（提名），贾樟柯和
赵涛也凭借该电影分别荣获 2019 年第 13 届亚洲电影大奖最佳编
剧和最佳女主角（提名）。影片的女主人公赵巧巧强大的人格魅

力给我留下了深刻的印象。本文将侧重于三个方面：一是巧巧的
女性身份在 17 年的人生际遇中的变迁；二是她在遭遇背叛后如
何坚守自己心中的情义并找到属于自己的方向；三是江湖、故乡
与母性。

女性身份的变迁

➤ 绚烂的依偎阶段

　　这是男主人公斌哥还是小黑社会老大、貌似可以在自己的小
圈子里呼风唤雨的时期。赵巧巧出场时身着蓝色牛仔装，显示出
她的帅气和利落；衣服的背面是在丝质、绿底的基础上以白色、
粉色、黄色花朵为主的 V 形图案，V 形的交接处，是绿松树。绿
色，彰显着巧巧内心旺盛的生命力；丝质面料和 V 形、环绕缤纷
花朵的图案，显示出巧巧身上强烈的女性气质；V 形图案和绿松
树，也显示出巧巧所具有的男性力量和坚韧、高洁的品质。巧巧
衣服的背面，给了我很强的视觉冲击力。在这个阶段，巧巧一直
是长发垂肩、齐刘海，并身着各种带着花朵图案的裙子或其他靓
丽的服饰。2001 年，从山西大同煤矿厂出来的姑娘，很时髦了。
　　巧巧非常自在地穿梭在只有男人的麻将馆里，最后她坐到了

斌哥身边，毫不掩饰地亲热表达她见到斌哥时的欢喜。作为人的稳定和作为女性的成熟，加上斌哥当时坐着第一把交椅，使得她可以在男人堆里如此自如。斌哥是宠巧巧的，他不惜驱车200多公里陪巧巧到呼和浩特，只是因为巧巧要吃烧卖；巧巧后来又说不去，斌哥二话没说也就不去了。这也是巧巧在这个阶段可以如花般绚烂并恣意开放的原因。

巧巧陪着斌哥去见林家栋兄妹，以及慰问失去二哥的二嫂，呈现了她在各个场合的大方、得体、有情义。在这个阶段，她并没有认同自己是江湖中人。在她的概念里，江湖是像斌哥他们那样打打杀杀但有情有义的黑社会。她想要的，只是和斌哥一起过日子，给父亲买套房子。她的有情有义，完全出于她作为一个人、一个女儿、一个女人的天性。

巧巧为保护斌哥开枪时穿的那套衣服——黑色、前襟肚兜状设计的吊带衣，红色纱质、绣着蝴蝶和花朵的开衫，再次彰显了她的热烈与性感。这时的巧巧将头发高高束起，显得果决而骄傲。巧巧干脆、果决、镇定，有很强的母性保护欲。她打断父亲的广播，临行前给父亲塞钱并叮嘱他不要把钱输光、不要做无谓的努力，后来一个人在公共汽车上为父亲的境遇黯然伤神；当斌哥的枪在迪厅落下时，她警惕又镇定地环顾四周；她劝斌哥不要藏枪，在斌哥有难时果断鸣枪示警以保护斌哥，并主动为斌哥顶罪，入狱五年。[①]

在这个阶段，斌哥是个地头蛇，看起来混得如鱼得水、春风得意，但画面总是让人觉得有些怪诞和幼稚。混黑社会，讲究的是实力和义气。但当斌哥还在顶峰时期时，两个小混混轻易就把他的腿给打伤了，看起来他的实力并没有什么威慑力；当他去调停借贷纷争时，老贾并不买他的账，最后他只能搬出关二爷，让外在的义的象征来调停纷争。而且他说，"那就只好请二爷了"。看这架势，这是他常用的方法。"义"并没有内化到这群自称"江湖中人"的人心中，"义"只是他们团体所崇尚、膜拜的精神。他们集体穿西装、衬衣，打领带，甚至戴白手套，很有仪式感地一起学习香港的黑帮影片。他们有点像"草台班子"，还停留在以模仿的方式进行学习的阶段。荒唐的是，当斌哥出狱时，没有一个兄弟去接他，这足以看出这群江湖中人是没有"义"这个精神内核的。

但作为老大的斌哥，自己有情有义吗？他出事了，居然让巧巧为他顶罪五年。他们被抓后是被分开审问的，所以他们应该没有商量过顶罪这件事。巧巧主动为斌哥顶了罪，但在被审问时，斌哥也是主动把藏枪的罪推到巧巧身上的。无论作为老大还是男

---

① 巧巧为斌哥顶罪入狱，这是影片的内容和表达巧巧情义的方式。但在现实生活中，"法"一定是大于"情"的，而且，遵纪守法应该是每个公民的责任。而从情感上讲，一个会让女人顶罪的男人，根本不值得托付终身。

人，斌哥都在困难时期薄情寡义，我们又怎能指望他带出有情有义的小弟呢？

在这个阶段，斌哥的地头蛇身份让他看起来帅气、豪气，从表面上看，他的确蛮有雄性特质的，这也让巧巧的女性气质有了施展的空间。但是，斌哥的内在从来不曾到达一个成熟男人的位置。巧巧想给父亲买套房子，斌哥说"分分钟的事"，巧巧说，"你说的分分钟已经三年了"。在 2001 年的山西大同，一套房子应该是几万元可以搞定的事情，但斌哥大话一直说，却没有行动。可是，为了充场面，他给二嫂一大包现金作为帛金，因为这是场面上的事。斌哥会给巧巧买大得夸张的蓝宝石戒指，自己开着皇冠，但不会想到给巧巧买车。开场时，巧巧是自己坐了很长时间的公共汽车去找斌哥的；回去的时候，斌哥叫了个被他罩着的司机送巧巧回家，但巧巧坚持要给这个司机塞钱，因为送她回来耽误了这个司机挣钱的机会。在 2001 年的大同，100 元意味着路途遥远。巧巧骨子里的大方、为他人着想在这里体现得淋漓尽致。不认同自己是江湖中人的巧巧呈现了真正的有情有义、有担当，无论是对自己的男人、对自己男人的兄弟，还是对自己的父亲。

➤ 在江湖漂泊、寻觅阶段

五年的牢狱生活过后，巧巧的父亲已经亡故，斌哥杳无音信，从不接巧巧打来的电话，从此巧巧踏上了在茫茫江湖中寻找自己男人的路。我想，聪明的巧巧在某种程度上是预期过结局的，只是倔强的她一定要自己的男人在她面前亲口承认，她才会死心。在这个阶段，巧巧的服饰和发型也发生了变化。从头到尾，她只有一套装扮：鹅黄色的纯色短袖衬衫、米黄色的长裤、暗黄色的露趾带跟单鞋；头发全部用黑色的发带扎起来；最多加一件卡其色的中性外套。巧巧的装扮依然是女性装扮，鹅黄色是柔软的女性色彩，但她已变得沧桑——不再有蝴蝶，不再有花朵，不再有姹紫嫣红，一如她的内心。

巧巧并非一个对男人存有幻想的女人。从她找男人碰瓷、骗男人钱的桥段就可以看出，她知道男人三心二意，害怕事情败露会让自己惹上麻烦，会拿钱消灾。但是，在这个阶段，巧巧对找斌哥一起居家过日子的执念没有消退。她用尽所有的办法找斌哥，最后直到她到公安局报警，谎称自己险遭强奸，她才得以见到一直躲着她、无颜见她的怯弱的斌哥。尽管林家燕告诉巧巧，斌哥已经和她在一起，巧巧依然不死心。二人在宾馆分手时，巧巧说她原本认为，出狱时，她在门口一眼就会看到斌哥。结果，郭斌问："我很重要吗？"巧巧反问："那你认为什么是重要的？"漂泊中的巧巧还有个落脚点——宾馆，而斌哥却居无定所。巧巧要的是真切地过日子，而斌哥要的是虚浮的他人的眼光。斌哥这个懦夫在这个时候居然让曾经心爱的女人、为自己顶罪并入狱的救命恩人、已经失去父亲的孤女巧巧理解自己，他甚至忘了巧巧是用哪只手开的枪。他就像一个无力担当的孩子甚至婴儿，把痛苦的巧巧当作无所不能的母亲。斌哥说还不晚的时候，其实已经晚了——他已经失去了如此深爱他的巧巧。

他拉着巧巧的手过火盆、去晦气，但对巧巧来说，那也许是她在熄灭心中对斌哥的爱火。青烟袅袅，爱也随之而去。在二人痛苦而又深情的凝视后，她主动放下了斌哥的手。此时，巧巧的背影如此柔弱、悲伤（剧中唯一的一次），她却努力强忍着。此时，天空下起了雨——连老天都为她哭泣。

巧巧离开奉节，踏上去湖北工作的列车。在列车上，她碰到了徐峥扮演的要前往克拉玛依的乘客。"徐峥"满嘴跑火车，不停地讲着 UFO、大开发、大项目。空洞的大项目与巧巧心中斌哥的形象是吻合的——大同拆迁重建的工程都是他们的，斌哥也还在追逐着所谓的大项目；而新疆曾是巧巧询问斌哥是否可以一起去建立家庭、过日子的地方，也是她和父亲所在的煤矿厂曾沸沸扬扬要迁往的地方。失去了父亲、失去了斌哥的茫然的巧巧，抓住了"徐峥"抛来的橄榄枝，她改变主意，要随他一起到新疆去，开始新的生活。但当巧巧告诉"徐峥"她刚出狱时，"徐峥"厌了，他甚至没有勇气问巧巧为何入狱。巧巧在这个男人身上又看到了男人的怯弱和没有希望的未来，于是她下了火车。刚下火车的巧巧在黑暗中满脸孤凄、迷茫，她站在车站外荒草丛生的广袤土地上，不知何去何从。

这时，UFO亮着光闪过，巧巧的脸上也露出了笑容，整个空间都被照亮。巧巧寻觅到了自己的光，那一直根植于她内心的光，那UFO的照亮整个夜空的光芒，只是照亮她内心世界的外在投影。她放下了找男人一起过日子的执念，回到故乡，决心到曾经给予自己生活光彩的地方创造一种新的生活。影片这时呈现了深沉夜空中的漫天繁星，巧巧放下执念后，她内在的漫天星辰也开始熠熠生辉。

这个阶段有几个细节特别打动我。其中一个细节是，巧巧在船上被同屋的人偷了钱包和身份证。当她偶遇这个偷她东西的女人时，这个女人正被几个男人打。她冲上去做的第一件事是帮这个女人把这些男人赶跑，嘴里不停地喊着："打女人，滚！"她有着很强的男女性别意识和为女性维权的意识，她骨子里就是个果敢、有义气的人，即便她落魄如斯，前路渺茫。把男人打跑后，她才气势如虹地问这个女人要自己的身份证和钱。

另外一个细节是，影片给巧巧一直随身携带的矿泉水瓶很多镜头，瓶子里一直都是有水的，而且这个瓶子始终没有被换过。水是生命的源泉，而巧巧一直都是个有生命力、有坚守的女人。

影片中还有一段很讽刺的细节，那就是巧巧被林家燕告知，在巧巧入狱的这五年里，很多事情都改变了，斌哥已经和她在一起了。巧巧强忍悲伤和绝望的情绪，倔强而又有尊严地告诉林家燕，"那应该是斌哥和我说，我与你没有任何关系"。随后，巧巧来到一个广场，当时野人歌舞团正在表演，唱的歌是《有多少爱可以重来》。失意的巧巧被单膝下跪的唱歌之人向求婚一样献上了一枝塑料玫瑰花，巧巧拿着这枝塑料花骗了一顿婚礼上的饭来充饥。很讽刺。这一段有一个画面：老虎和狮子被关在笼子里。野人、老虎和狮子，这些代表着原始、野性的力量，在现实和生活面前不得不低头。骄傲、倔强的巧巧在失去了找斌哥一起过日子的生活目标后，其内心是悲哀、孤独、凄惶的。但所有的这些，她都只能关在自己的心笼里。而困住巧巧的牢笼，正是她与斌哥一起过日子的执念。

➤ 刚柔并济的独立阶段

巧巧为何选择回到大同？在火车上，"徐峥"问："你在大同找得到工作了吗？"巧巧许久没有回答。那个地方对她来说有很多美好的回忆，也有很多痛苦。她在家乡已经没有亲人、没有牵挂。她不愿意回到大同，更多的是想逃避痛苦，而非对曾经坐牢感到羞愧。因为巧巧始终遵循内心的道义，而非他人的眼光。她去见已经成为潮州商会会长的林家栋时，直呼"大学生"；后来她和斌哥说，"没有人笑话你，你想多了"。这句话背后的潜台词是，"没有人真的在意你，你想多了"。巧巧是一个能够看到并接受生活真相的人，她活得真实，而斌哥活得虚幻。但在UFO亮着光闪过后，巧巧的脸上绽放出笑容，她选择回到大同，回到那个曾让她感受到快乐、情义和热忱的地方，但这一次，她不是以依傍他人的身份，而是以成为自己的身份回归的：巧巧在原先斌哥开麻将馆的地方，开了有正规营业执照的江湖棋牌室。

巧巧再次出现，是她接到斌哥打来的电话时，她到火车站接喝酒中风后留下腿疾、只能坐在轮椅上的斌哥。巧巧留着长卷发，穿着黑色皮大衣、黑色直筒裤、黑色高跟皮靴；在黑色皮大衣下，是暗黄底的豹纹衬衫。长卷发、高跟皮靴、暗黄底豹纹衬衫，显示出巧巧骨子里的女人味仍在，电影也给了她屋里的大梳妆台、柔色带花的床上用品一个长镜头。但这些有女人味的东西，更多地只能放在里面、心里；她呈现在外的，更多的是一身的飒爽，让她得以面对她所处的男人的世界和江湖。

如同巧巧衬衫上的豹纹所展示的，巧巧是个有担当、霸气的女人。巧巧收留了斌哥，并想尽方法找医生给不愿意见人的斌哥治病。在斌哥被老贾羞辱的时候，巧巧不急不躁地转身拿起水壶，并直接将其砸向老贾的头，然后她说道，"咱就不能讲究点""闭嘴"。这给斌哥争回了面子，也镇住了所有人。此时的巧巧将长发挽起，身着暗蓝色的上衣及毛衣披肩。这身衣服是这个阶段的巧巧最柔美的衣服了，而她的做派却是"人狠话不多"：如狮如虎般无惧且愤怒地立于充满张力的男人群中，维护斌哥、维护她心中的正义和公道。这一幕让我想起了巧巧在落魄时依然气势如虹地帮偷她钱和身份证的女人打跑了一群男人的场景。巧巧的心中一直有义，面对欺负弱者的行为，她总是感到愤慨并仗义相助，她具有真正的侠义精神。

巧巧的情与义

我们在前文就谈到了很多巧巧的义。这部电影引发了我的一个思考：儒家的"义"、侠义的"义"和江湖义气的"义"的内涵，有什么区别呢？

在巧巧为斌哥挣回面子后，斌哥问巧巧："你恨不恨我？"巧巧沉默片刻后说道，"对你无情了，也就不恨了"。巧巧真的对斌哥无情了吗？

巧巧在多年后再次见到坐在轮椅上的落魄的斌哥时眼神里的心痛；斌哥问巧巧"你咋不问问我，林家燕在哪里"时，巧巧的痛楚和良久的沉默；看到斌哥给她的发头上扎了几根针并咧嘴笑的照片时，巧巧的脸上呈现出的暖心且宽慰的笑容；斌哥可以走路并重燃勇气去握巧巧的手时，巧巧一开始不由自主的接受；尚未康复的斌哥留下钱并不辞而别时，巧巧的着急、失落、愤怒、难过……这些都不是巧巧口中的"因为江湖义气所以收留斌哥、为斌哥治病"所能解释的。巧巧把斌哥安排在厨子的房间，因为那个房间离她的房间最近。在感情上，她依然对斌哥有情；但在理智上，她斩断了这份情。当斌哥可以重新走路的时候，他有了勇气再去握住巧巧的手，希望能够与巧巧复合。巧巧抽开了被斌哥握着的手，因为她曾被斌哥的薄情寡义重伤，也看清了斌哥的虚浮与懦弱。她可以一个人过得很好，两个人过只会徒增烦恼。"当爱情已经沧海桑田，是否还有勇气去爱？"这是巧巧和斌哥正式分手并离开奉节前，最后一个镜头里播放的歌。

影片给了巧巧的戒指很多镜头。最开始与斌哥在一起的时候，巧巧右手的中指上戴着一枚大得夸张、镶了很多钻石的蓝宝石戒指，这象征了倚仗斌哥得来的虚假的闪亮生活，然而这种生活不堪一击；当她独立时，她右手的中指上也戴着一枚宝石戒指，大小适中，颜色沉实，这象征了她依靠自己走出来的路，她获得的笃定、踏实的生活。她自己驾车，掌控着自己的生活。这也是我很欣赏巧巧的地方：有情有义，处事果决，一如她当年放开斌哥的手，一如她下了火车。

极爱面子的斌哥说，在整个大同，巧巧是唯一不会笑话他的人。落魄的斌哥为何会有这样的想法呢？实际上，巧巧是最有理由憎恨他、笑话他的人。难道是因为曾经的恋人之间的相互了解？还是因为两个人之间依然有未斩断的情丝？

江湖、故乡与母性

➤ 江湖

"江湖"是一个对中国人来说有特殊情感意义的词。影视剧、武侠小说给了我们很多关于江湖的概念、画面和遐想。我们很多人心羡侠义江湖、快意恩仇，也畏惧漂泊江湖、人心险恶。关于江湖的最有名的句子，大概莫过于"相濡以沫，不如相忘于江湖"（出自《庄子·大宗师》）和"居庙堂之高则忧其民，处江湖之远则忧其君"（出自范仲淹的《岳阳楼记》）了。但何为江湖呢？

电影名为《江湖儿女》。在影片中，身为江湖中人的斌哥从告诉巧巧"有人的地方就有江湖"变成了"我已经不是江湖上的人"。最后，巧巧说，"你现在已经不是江湖中人，不会懂"。斌哥心中的江湖是什么？在影片中，巧巧从拒绝接受自己为江湖中人到称自己为"跑江湖的"，再到认同自己为江湖中人。在斌哥和巧巧的心里，何为江湖？

影片呈现了跨越 17 年、天南地北、各色人物的社会变迁，

包括三峡移民的迁徙。公共汽车、不同年代的各种火车、私家
车、轮船等，这些交通工具在影片中不断出现，给人以很强的动
荡感。电影所要表达的江湖的内涵，到底是什么？

➤ 故乡

巧巧在离开了跑江湖的"徐峥"后，选择了回到故乡大同，
在原来斌哥开麻将馆的地方扎根并开起了棋牌室。为何？因为麻
将馆是巧巧心中的故乡。

电影给了棋牌室的周围环境一个很长的镜头，周围的一切都
变了，只有棋牌室是不变的；保持不变的，还有棋牌室内的装修
和家具。17年过去了，棋牌室内部依然如当年一样简陋和陈旧，
一样供奉着义薄云天的关二爷。其实，棋牌室是与时俱进地安装
了监控器的，但棋牌室依然宾客盈门。大家冲什么而来？巧巧是
灵魂，是情义的化身。在不断变迁的时代里，每个人都需要有个
不变的、与自己的过去相联结的家园。而棋牌室提供了这样一个
场所。为什么巧巧选择在这个地方扎根呢？

这是巧巧和斌哥在一起度过快乐时光的地方。在这里，从不
景气到让人无望的煤矿厂出来的巧巧，接触到了形形色色的江湖
人士，开启了一种新鲜、刺激、充满活力的生活。在影片中，她
和父亲告别后在公共汽车上独自一人黯然神伤；下一幕，她又充

满激情地和斌哥一起蹦迪。在斌哥所在的江湖世界里，她内心的情义也与外部世界相应和。当她在江湖漂泊的日子里遭遇了各种不义后，她选择了回到这个启迪她内心之义并让她坚守的地方。这个麻将馆就是她的故乡。

影片的历史记录感很强，而且其画面有很强的动荡变迁感。但影片有两处风景描写是舒缓、辽阔的，那就是对电影的英文名 *Ash is the purist white*（灰烬是最纯净的白）的出处——火山——的描写。第一处风景描写的背景应该是一个春天：远处被绿草覆盖的火山，大片的草地，近处的白色小野花在风中飘舞。斌哥的腿被打折，拄着拐杖自己走——这也意味着，在最纯洁、最考验内心之义的地方，他是无法自己行走的。他在这里告诉巧巧，她也是江湖中人，"有人的地方就有江湖"，并指导巧巧如何开枪。在这里，斌哥把巧巧带入了江湖的世界。巧巧说，烟灰经过高温燃烧，那不就是最干净的吗？这句话也道出了她后来的心路历程。经历过为了情义顶罪并入狱五年、被背叛、各种不义的高温燃烧后，巧巧依然选择了她坚守的情义，这是经过考验后的坚定选择，是最干净的了。心中的坚守，就是故乡。

第二处风景描写的背景是一个冬天。同样的地方，风景却变得萧瑟。巧巧带斌哥来到这里，她像母亲带领孩子学步一样伸出双手，微笑着鼓励斌哥向她走来。这是斌哥中风残疾后，第一次重新站起来走路。是巧巧，教了斌哥什么是真正的江湖情义，并给了斌哥的身体和精神重生的机会。

➤ 母性与故乡

　　麻将馆（棋牌室）和火山，是外在的故乡之地；更根本的故乡，是巧巧这个女人和她心中对情义的坚守。当一心想衣锦还乡的斌哥以最潦倒的姿态回到故里的时候，他想回到的，是巧巧的身边——"你是全大同唯一不会笑话我的人"。只有母亲会永远接纳、滋养、包容、支持自己的孩子。当斌哥发现自己被安排住在厨子的房间时，他失落不已，并借着上菜耍性子，巧巧斥责了斌哥，就像母亲斥责不懂她的苦心、瞎折腾并让她感到心疼和愤怒的孩子一样。是巧巧身上的母性，接纳、照顾了斌哥，并帮助在生理和心理上无法站立的斌哥重新站起来，继续自己的生命旅程。

　　母性，是每个人心中永远的故乡。

✳

小河流

我愿待在你身旁

听你唱

永恒的歌

第九篇　穿越绝望的新生

——从《蓝白红三部曲之蓝》看丧失、抑郁和哀悼 [①]

✳

从天堂直坠地狱

原来如此容易

重返人间的路

被悲伤的太平洋隔开

《蓝白红三部曲之蓝》(*Trois Couleurs: Bleu*，后文简称为

[①] 本篇文章首发于《心理学通讯》2020 年第 3 卷第 4 期（页码 267-272，DOI: 10.12100/j.issn.2096-5494.220126 ）。

《蓝》）是由波兰导演克日什托夫·基耶斯洛夫斯基（Krzysztof Kieslowski）执导的电影，由朱丽叶·比诺什（Juliette Binoche）主演。该电影获奖无数，其中包括 1993 年第 50 届威尼斯国际电影节主竞赛单元金狮奖最佳影片、沃尔皮杯最佳女演员、金奥赛拉奖最佳摄影，以及 1994 年第 19 届法国凯撒奖最佳女演员、最佳声效和最佳剪辑等奖项。

优秀的电影总是蕴含着丰富的内涵，让人从不同的角度去欣赏、品味。本文主要从精神分析的视角来看《蓝》所呈现的丧失、抑郁和哀悼等每个人一生都要经历的主题。

丧失

➤ 看得见、知道的丧失

影片一开始就呈现了一个巨大的创伤性事件：朱莉和她的著名作曲家丈夫、女儿发生车祸，心爱的丈夫和女儿在车祸中丧生，朱莉重伤昏迷，但幸存了下来。

我们一生都在经历各种不同的丧失，或者说，我们从出生起就注定会丧失，因为从一出生，我们每个人唯一注定的就是死亡。有些丧失是看得见的，而看得见的丧失又可分为两类。一类是我们大部分人在尘世生活中都要经历的：与亲朋好友的生离死别、失恋、分居、离异，经济困难，失业，学业、工作失败，躯体疾病，过世等。另一类则是严重的创伤性事件：人为灾害中的战争、恐怖事件、被挟持为人质、强奸、暴力、车祸，以及山体滑坡、飓风、海啸、沙尘暴等重大自然灾害。在这些严重的创伤性事件中，个体的生命安全会突然受到外力的重大威胁，个体也会丧失掌控感和尊严。

➤ 生命早期看不见、不知道的丧失

前文所讲的丧失，是指我们拥有过，后来失去了，而且我们知道自己失去了。还有一种丧失，是指我们不曾拥有过，也不知道自己丧失的是什么，以及如果拥有，那又会是一种怎样的感觉或状态。在这些不知道的丧失里，有生命成长所需的根本性要素：生命早期从照顾者、养育者那里获得健康成长所需的爱。

对婴儿的爱有很多种表现形式。第一种表现形式是对婴儿本身作为一个独立个体的看见、认可和尊重。这听起来不难，做起来其实并不容易。只有父母自己是心智独立的个体，才能真的把孩子当作独立的个体来对待。否则，即便父母脑子里是这样想的，但在实际的互动中，他们还是会不由自主地把孩子当作满足自己欲望的对象，在精神分析中，我们可以将这称为"自体客体"，也可以说是自恋性的客体选择，因为父母本身也是被这样对待的，潜移默化地，他们也变成了他们自己不希望成为的人，并以同样的方式对待他们的孩子。

第二种表现形式是给予婴儿共情性的回应。在生活中我们会看到，当婴儿笑的时候，我们对着他笑，和着他的调子与他咿咿呀呀地交流（在主体间性里，这被称为"同调"），婴儿就会笑得更欢；当婴儿哭泣时，我们的心也会不由自主地揪着，我们会抱起婴儿，并根据对婴儿的了解，满足其相应的需求：被哺育、换尿片、情感安慰、玩耍等。婴儿会在这样的抱持和共情性回应中得到满足，并感觉到自己与外界的联结，感觉到自己有能力让别人回应自己。由此，婴儿获得了安全感、联结感、信任感和力量感，其内在原本的生命力可以顺着自然的轨迹再整合进外界的"阳光雨露"并蓬勃发展。但是，如果婴儿没有得到回应，他就会感到茫然、悲伤、退缩，严重的话，没有回应的空间甚至会成为绝望的死地，在心灵空间落下一个黑色的空洞。第三种表现形式是提供恰当的照顾和保护。这是每个生命体的基本需求，除了身体上的照顾和保护外，我们每个人还需要精神上的照顾和保护，如在悲伤时有人安慰和心疼，在恐惧时有温暖的臂弯得以依靠。第四种表现形式是尊重和理解婴儿作为一个独立个体的自主性。

➤ 早期的丧失导致人格结构的缺损

我们每个人都是在与外界的互动中形成自己的，如果缺乏互动，或者照顾者给予的养料不足甚至有毒，孩子的心底就会或多或少地落下伤痕，形成人格结构的某种缺损。由不知道的丧失造成的伤通常埋得很深，也很痛，轻易不可触及，但影响深远。

影片也呈现了朱莉幼时的创伤，包括我们在前文提到的所有看不见的丧失，甚或更严重的——她是作为替代儿童出生的。她的母亲貌似罹患了老年痴呆，但更像是她的记忆、心智一直停滞在她妹妹出车祸过世的那个时间点上。无论朱莉怎么提醒、纠正她，她都把朱莉唤作自己过世的妹妹。也许，妹妹的过世与她有关，所以她无法承受这样的内疚感。为了防御这份内疚感，她否认了妹妹的过世，并把女儿一直当作自己的妹妹，这样妹妹在她心里就还活着，但与此同时，朱莉作为女儿，在母亲的眼里和心里就不存在了。在生命伊始，朱莉没有被母亲看见，也没有得到母亲的陪伴和理解，母亲的生命在失去妹妹这一创伤的影响下停滞，因此她也没有办法给予朱莉共情性的回应，这些形成了朱莉人格底色中的空洞。影片对这段故事并没有过多展开，我只是从朱莉后来不向他人求助、孤僻、过于利他主义及甘愿做丈夫背后的作曲家而不是以独立的姿态站到台前等方面来进行推断。母亲没有办法给朱莉提供家的感觉，朱莉也从来没有办法在心里给自

己一个家。车祸发生后，朱莉家破人亡，她也开始了自我放逐的
生活。

抑郁

电影名为《蓝》，忧郁的蓝色基调贯穿始终，怀念女儿的蓝
色水晶珠帘，也贯穿了整部电影。

当朱莉从昏迷中苏醒时，她被告知丈夫和女儿都丧生了，巨
大的伤痛和幸存者内疚压倒了她。在一个人悲哀地静静流下眼泪
后，她采取了决绝的行动——自杀。最终，内在生的力量挽救了
她，她把吞下去的药吐了出来。她免了自己"死罪"，但"活罪"
却是难逃。她抑郁了，为了逃离原来的生活环境，逃离一切可以
让她想起心爱的丈夫和女儿的人、事、物，她开始了自我放逐的
生活：她要卖掉丈夫的豪宅——他们一家人共同居住的乡间大别
墅，现在这是她的房子了——只留下一部分钱给园丁、保姆和母
亲，自己分文不要；为了显示自己已经将丈夫遗忘，她故意和爱
慕自己的奥利弗发生关系；她毁掉了丈夫的重要手稿，那其实是
他们俩共同的创作结晶；她拒绝留下在车祸中丢失的、象征着丈
夫对自己的爱的十字架项链。从照片中我们可以看到，与丈夫和
女儿在一起的朱莉，是那么幸福、甜美、优雅。曾经有多美好，

失去后，人就有多痛苦。她想强行割断过去，从高尚住宅区搬到一个有妓女、流浪汉、打架斗殴的穷人居住的街区。失去丈夫和女儿，让她遭受了毁灭性的打击，她的内心也一下子变得异常贫穷和匮乏。也许，把自己放逐到这个地方，也有幸存者内疚的成分在，她惩罚自己，觉得自己不配住在丈夫留下的房子里。

然而，无论走到哪里，内心的痛苦都如影随行。每当朱莉与丈夫一起谱写的曲子响起，她的心都会再次被痛苦击碎，她一次又一次地在泳池里哭泣，她的身心都被这丧失的痛苦溺毙在泳池里了。

是什么导致了抑郁？显而易见，首先是丧失导致了抑郁，这在影片中有清晰的呈现。影片中还有另外一条线，那就是早期的创伤或看不见的丧失，已经在朱莉的内心埋下了抑郁的种子，或者说，朱莉的心里住着一个抑郁的小孩，这个抑郁的小孩在现实的巨大丧失下又活现出来，占据了朱莉的人格。精神分析理论家们从不同的角度对抑郁进行了探讨，总体而言，丧失会导致存在性格易感性的个体罹患抑郁症，而这个性格易感性，是由早期发展缺陷导致的。

精神分析师卡尔·亚伯拉罕（Karl Abraham）认为，孩子在口欲期（0～1岁）一定经历了失望的体验，这成了他们在成年期遭受爱的失望体验后罹患抑郁症的易感因素。自体心理学的创始人海因茨·科胡特（Heinz Kohut）认为，健康的自恋是自尊的基础，它源于童年早期父母的共情性回应。若孩子遭受父母长期的忽视或过度批评，经常体验到无助感和无能感，导致自尊受损，无法形成稳固的"核心自体"，成年后他们就容易在遭受了挫折体验后出现较为持久的抑郁情绪。

下面我们从失望和自尊的角度来看看朱莉童年早期的经历。成年人一般能比较清楚地记得3岁及以后的事情，那1岁以前的记忆，我们如何得知呢？身体不会忘记，你的行为模式，也记录着你的过往。从预见性地保留音乐手稿的女子、奥利弗、痛哭着问朱莉怎么不哭的保姆，以及发现朱莉想自杀的护士包容、理解、温柔、关切的眼神中，我们看到，朱莉的身边有很多理解她、关心她、想帮助她、温暖且善意的人，但朱莉拒绝了这些人，不在任何人面前流泪，不向任何人倾诉，并放逐自己一个人独居在一个陌生的低品位街区。这活现了她童年早期的故事：渴望回应而不可得后，感到失望而无助，并退回到内在孤独的世界中。但是，未被满足的渴望和幻想永不止息，特别是在人感到痛苦的时候。在影片中，她害怕出租屋的老鼠，但还是被老鼠的母子情深打动，惶恐中她到养老院寻找已经痴呆的母亲，希望能得到一些安慰，就像婴儿最初寻找的是母亲一样。结果，朱莉再次遭受了失望、悲哀和绝望的折磨，回来后她痛苦地借了只猫把老鼠吃掉，也彻底"杀死"了她内心对母亲的期待和渴望。

我们每个人在一生中都会经历丧失，但并不是所有人都会罹患抑郁症，尽管大部分人在某段时间里可能都会感到失落和情绪低落。在《哀悼与忧郁》一书中，弗洛伊德写道，丧失促发抑郁，根源于抑郁的个体与所丧失的客体之间的关系——一种"自恋性的客体选择"。对朱莉来说，特别是对她内心的小女孩来说，作曲家丈夫满足了她获得一个理想化的、父亲式的丈夫的渴望及得到家的渴望，具有成人人格和功能的她，成了非常会照顾人、慷慨的妻子和母亲。从后来奥利弗寻找朱莉播放出来的照片这件事上我们可以看到，朱莉与女儿在一起时，是个温柔、祥和、快乐的慈母；与丈夫在一起时，她的目光会全部落在丈夫身上，那目光充满崇拜、甜蜜、优雅，让她看起来光彩照人，而丈夫的目光却朝向前方，并没有落在她身上。朱莉没有一张自己单独的照片，如同没有一个真正独立的自己一样，她要么是和丈夫合影，要么是和女儿合影。在这些照片中，连一张一家三口的合影都没有，就好像她还没有办法真正进入三角关系中一样。

车祸发生时，她正在听丈夫讲笑话，她的女儿在后座显得百无聊赖，她的生活是围着丈夫转的。她的幸福的确有一部分是与丈夫建立美满的家庭，但也有一部分是她自己的理想化投射——与唯一深爱自己的才华横溢的丈夫共同哺育一个可爱的女儿——她沉醉在拥有理想化的丈夫和家庭的感觉中无法自拔。但实际上，身边的所有人都知道，她的丈夫有一个他同样深爱多年的情人，而她作为枕边人却毫不知情；她的丈夫不仅剽窃她的作品——对此她似乎甘之如饴，不曾质疑丈夫的人品和对她的爱的品质——还剽窃别人（流浪音乐家，当然，还有其他人）的作品。朱莉是以一种奉献和给予的方式来维持这份和谐、美满的生活的：她贡献了自己的才华，丈夫在情人面前说她是一个慷慨的、很会照顾人的女人。

为什么朱莉会形成这样的性格和人际关系模式呢？她是一个替代儿童，有一个貌似痴呆实则固着于创伤的、无法提供滋养的母亲，她的父亲可能是缺位的（影片丝毫未提及朱莉的父亲），她从小不得不通过照顾、满足母亲的需求来幻想获得她一直渴望的母亲的爱，而这种利他、付出的方式蔓延到了她的所有重要的人际关系中。但是，朱莉心中一直有一个抑郁的小女孩，这个小女孩依附于丈夫和家而存在，就像照片所象征性地表达的那样。照片显示出，她的丈夫年纪比她大很多，我相信他们有很多音乐上的共鸣及其他相互吸引的地方，但是，朱莉也在丈夫那里寻找父亲的感觉吧？她的丈夫为她挡住记者，给她提供保护。但是，他似乎并没有真的看到她内在的小女孩，所以当他的情人说，朱莉的丈夫说她是一个慷慨的、很会照顾人的女人的时候，她是愤怒的。也许，当她开始觉醒并看到真实的丈夫、真正的自己时，她会因她内在的小女孩从未被丈夫真正看见过、从未被丈夫真正给予过而感到愤怒。

弗洛伊德强调了将攻击转向自身在抑郁症形成中的作用。一个很依赖靠不上的父母的孩子，是很害怕对父母感到愤怒的，他害怕愤怒会给自己带来更大的灾难，自己会受到惩罚并更加得不到自己所渴望的爱。于是，他把责任都归咎到自己身上，觉得是自己不好或自己做错了，才得到这些不好的对待。当朱莉在现实中经历重大丧失时，她内在抑郁的小孩活现了，她将攻击都指向自己：她曾试图自杀，将自己放逐到一个低俗的街区，就好像她内在的自我形象被自己贬低了；离家时，她用手去划墙上的石头，以身体的疼痛来舒缓心灵的剧痛。当朱莉陷入抑郁状态时，她感到悲伤、孤独和被抛弃，而朱莉内在那个抑郁的小女孩感觉到的悲伤、孤独和被抛弃，更是深入骨髓。

然而，朱莉骨子里的善良、对音乐的挚爱和超卓的音乐才华使得她的性格中有成熟、温婉的一面，她具有真正的爱的能力，也能够得到周围的人对她发自内心的欣赏和关爱，这也是她后来能够从抑郁走向哀悼、走向新生的力量。

➤ 哀悼

哀悼是一种健康的心理能力，可以说，我们的一生，都在不断地获得与成长、丧失与哀悼中度过。在电影《少年派》中，李安借历尽艰难、劫后余生的派的口说道："我后来悟到，人生就是不断放下的过程，可令我们遗憾的是，我们经常来不及和那些要放下的东西好好地道别。"和那些要放下的东西好好地道别，就是哀悼；我们经常来不及道别，是因为哀悼常常是一个痛苦、艰难而漫长的过程。

➤ 面对丧失和体验痛苦

朱莉从昏迷中醒来时被告知丈夫已过世，于是她马上问："汉娜（女儿）呢？"结果得到的答案是汉娜也走了。朱莉悲痛欲绝，她想通过服药自杀的方式跟随他们而去，但最后她停下了自杀的动作。因为脊椎严重受伤，她只能在病床上躺着看丈夫和女儿的葬礼转播，一个人无声地流下痛苦的泪水。朱莉在自己身受重伤的第一时间里，能够面对丈夫和女儿已经在车祸中丧生的惨烈现实，而不是否认它，这说明她已经是具备了相当强的自我功能和人格力量。在生活中，有些人会采用否认的防御方式，如缺席葬礼、从不在清明节扫墓、在家人团聚的日子里出去旅游、吃饭的时候一直摆着逝去之人的碗筷等，从而在心理上否认已经失去所爱之人的事实。

➤ 处理遗物、离开伤心之地

从影片中我们看到，朱莉的母亲身份是朱莉人格中比较成熟的部分，因此也具有较好的心理功能，相比于对丈夫的哀悼，她能够较好地处理对女儿的哀悼。她回到原来居住的房子的时候，首先问的是那个蓝色的房间——她女儿居住的房间，那里有那串蓝色珠帘，这串蓝色珠帘承载了很多她们共同的记忆。朱莉伤心地抚摸着珠帘，也愤怒地撕扯着珠帘。是的，她是愤怒的，他们走了，把她一个人孤零零地留在这个世界上。也许，她也为上天把她所珍爱的夺走而愤怒，能够愤怒，也是她比较有力量的部分。在离开房子的前一夜，朱莉吃着女儿的棒棒糖，想通过这个行为感受与女儿同在、认同女儿、把女儿"吃进——内摄"到自己的身体里，这样她和女儿就永远不会分开了。但是，她很快又愤怒地把棒棒糖的棍子扔到火炉里，因为她痛苦而又清醒地知道，女儿已经永远离她而去了。在影片中，朱莉把房子中所有的一切都处理掉了，只保留了两样东西：其中一样东西就是女儿房间里的那串蓝色珠帘。当她找新房子的时候，她要求她所居住的场所里不可以有孩子，但当她进入新房子后，她第一时间就把这串珠帘挂在了阳光满屋的房间里，尽管她满怀悲伤、痛楚和愤怒，抚触珠帘时会不由自主地攥紧拳头。

但是，作为妻子和"女儿"的朱莉，对丧失丈夫的承受力就要差很多。对她来说，失去丈夫在某种程度上意味着毁灭——内心生活和外部生活的毁灭，因此她也要毁灭她和丈夫共同创作的《欧盟协作曲》。她要卖掉他们共同居住的房子——另外一种毁灭的形式，因为她心中的家已经随着丈夫和女儿的过世被毁了，所以她也要把现实中的家的象征（即房子）毁灭，她幻想着这样她就不会受共同生活的记忆的折磨。她以背叛丈夫的方式来试图忘却丈夫：在离开房子的前一夜，她为了性而召唤了爱慕她的奥利弗，二人发生了关系，然后她抛弃了奥利弗，并告诉他，谁离开了谁都是能够生活下去的。其实，她是想告诉自己，即使离开了丈夫，她也能够生活下去吧；实际上，失去了丈夫后，她的内心一片狼藉。在处理这个房子的过程中，有一个重要的伏笔：朱莉找到丈夫特别钟爱的一份乐谱，并把这份乐谱放在了自己的随身包里，而这份乐谱，成为后来朱莉和奥利弗继续创作《欧盟协作曲》的重要灵感源泉。对音乐的热忱和钟爱是朱莉人格中有力量的部分。在极度的痛苦中，她依然保留着爱的能力——爱音乐、爱丈夫。这是她后来能够对失去丈夫进行哀悼的重要的自身资源和人格力量。

➤ 幸存者内疚的消解

朱莉在新家安顿好后，当晚第一次在蓝色的泳池中一个人孤独地游泳。她回到了水中，在原始的母体（羊水、海水）中获得滋养、安慰和一点点重生的力量。在泳池中，她可以让眼泪尽情地流淌，不会有人看见，更不会有人偷拍。深夜，在那个有小混混打架斗殴的街区，一个人在被围殴后逃进了朱莉所住的大楼。

所有人都紧闭着门，不想蹚这趟浑水，引火上身。朱莉也很害怕，但也许是幸存者内疚让她无意识地希望自己在意外中丧生，加上她的善良、不安和好奇心，她打开了门，决定去一探究竟。没想到，逃跑的小混混逃进了她的家，并把她关在门外，而在门外，她看到了大楼里的妓女和楼内男人的勾当。对此，她并不是很在意，但无家可归的感觉让丧夫、丧女之痛再次袭击了她，音乐声再度响起，朱莉又陷入痛楚中。当我们播种悲伤的眼泪时，我们会收获喜悦。幸存者内疚中隐含着一个无意识的愿望：如果我做得更好一些，他们就不会死。但是，当一个人可以一次次地去面对、体验丧失的痛苦时，这个人就能释怀。朱莉坐在广场上看行动不便的老人扔垃圾的一幕，是整部影片中最有生活气息的一幕：广场、音乐、来来往往的人和狗，还有阳光。朱莉闭着眼沐浴在阳光中，脸上的表情从带着些许悲伤的平静到一点点的愉悦和享受，脸上的光影也逐渐退去。我想，在这个过程中，朱莉完成了消解幸存者内疚的内在旅程，所以在接下来的体检中，她很高兴地听到医生和她说，她的检查结果是正常的。

➤ 打开心门，接受女孩的帮助——哀悼丧女之痛，内在抑郁的小女孩被看见

朱莉与妓女露丝的善缘始于朱莉拒绝在赶走露丝的纸上签

字。之后，露丝拿着雏菊，登门道谢。露丝一进门，就被那串蓝色珠帘吸引，她说她小时候也有一串这样的珠帘。原本平静的朱莉在看到露丝抚弄珠帘的时候，一下子想起了自己的女儿。丧女之痛再度袭来。影片中有一个画面：身穿黑色毛衣的朱莉拿着露丝所送的白色雏菊，脸色肃穆，眼眶发红，背后的绿色竹子和半圆形图案的窗子完全在阳光的映照之中。这个画面非常有象征意味：哀悼（黑色）的背后是新生，绿色、阳光，都是生命的象征。

朱莉借猫来吃掉老鼠后，第三次到泳池中疗伤。这时，露丝主动来到朱莉身边，关心、拥抱流泪的朱莉，朱莉也主动求助，跟露丝说自己因害怕老鼠而不敢回家。露丝提出帮朱莉清理掉老鼠后，朱莉把家里的钥匙交给了露丝。这时，一群穿着粉色泳装的女孩嬉笑着从露丝身边跑了过去。这是朱莉唯一一次在白天到泳池中疗伤，泳池的颜色也不是忧郁的蓝色。当朱莉心中的小女孩对母亲感到绝望后，她借猫来吃掉让她害怕的老鼠。杀害生命让善良的朱莉感到害怕，同样让她感到害怕的是，她心中脆弱的小女孩不再幻想母亲的爱，因为幻想没有了，她不知道还有谁能来照顾那个脆弱的小女孩。但是，朱莉的内在仍然是有力量的，她借猫来保护自己，接受露丝的拥抱，并主动求助。她打开心门去接受照顾和保护，这就是她内在力量的呈现——她不再一直需要以照顾者的姿态存在。朱莉之前找房子的条件是楼道里不能有孩子，而这群嬉笑着跑过去的女孩，寓意她可以接受女儿的丧失。女儿在她心中留下了位置，因此她也可以去看、去感受别的孩子了。更为重要的是，朱莉内在的小女孩，终于可以呈现、被看到、被接纳、被保护和被照顾，也因此流动并活了出来。被看见本身，就是在幽暗之地被照亮的过程，也是被重新赋予生命的过程。

➤ 重新认识丈夫，在作品上署上自己的名字——哀悼亡夫、切断幻想、踏上创造之旅

朱莉原来对丈夫是有理想化的崇拜的，即便丈夫剽窃了她的作品。也许，在朱莉的感觉中，她和丈夫是一体的，她不需要以自己的才华独立地展现在世人面前，她只要在丈夫的羽翼下做个幸福的小女人就好了。但是，当她发现丈夫剽窃流浪音乐家创作的乐曲时，她惊呆了，这是她第一次更加现实地审视丈夫不高尚甚至有些卑劣的品质和行为。但是，给予朱莉重击的，是奥利弗为了寻找她，在电视上公开了很多她和她丈夫的照片，包括丈夫和他的情人的合照。那时的朱莉已经向露丝打开心门，也主动去靠近露丝。她的心能够敞开，说明她已经具备了更强的自我功能，面对外界时有了更强的安全感。也是在这样的前提下，她的心灵可以承受更多真相。

毫无疑问，一开始朱莉的心受到了暴击。她通过奥利弗找到了丈夫的情人，在看到丈夫情人的时候，她通过抽烟来缓解自己的紧张。也许，让朱莉更为痛苦的，是情人的胸前戴着和她一样的项链，原来丈夫并不像她那样把她当作唯一，更不像她多年来陶醉地幻想的那样唯一深爱着她，丈夫像爱她一样深爱着情人，而且情人怀了丈夫的孩子——一个儿子。见完丈夫的情人后，朱莉第四次来到泳池疗伤。这一次，朱莉的表现与她第二次深夜来到泳池疗伤的表现不同。那一次，朱莉一开始猛烈地滑动双臂游泳，水花飞溅，就像她内心翻动的汹涌的情感波涛；但当她要上岸的时候，音乐声突然响起，朱莉颓然地倒在泳池里，把头埋在水下，当时的她仿佛被痛苦溺毙，完全地无力和无助。而这一次，中间有一段是静默无声的，而这静默里，似乎蕴藏着某种力量。在蓝色泳池中，朱莉浮出水面，她低着头，泪水划过她的脸颊，但她的表情显露出一股坚毅的力量。

她再次来到养老院。丈夫承载了她对理想化父母的幻想，现在这个幻想被打破，她不由自主地又来到养老院找母亲，如同一个孤苦无依的孩子。但这一次，觉醒的朱莉在门口彻彻底底地放弃了对母亲的幻想。幻想让人痛苦，放弃幻想更让人痛苦。这决绝的行动，是朱莉心灵上的一次巨大成长。否则，她会一直将精神能量耗费在不能给予的人身上，无尽地等待一个无果的结局。她跑去找欢迎她、理解她、等待着她的奥利弗，这是她的决定、她的主动行为。两个人全情投入对《欧盟协作曲》的创作中，在这个过程中，他们的心也逐渐靠近。

哀悼是一个创造的过程，其中既包含了更加真实地认识自己和已逝的所爱之人，重新认识、修正并内化自己与所爱之人的关系，实现成长和成熟，也包含了不再把力比多（精神能量）继续固着在已逝之人身上，建设新的关系，以及将能量投注在生活中，有活力、有热忱、创造性地生活。哀悼是对逝者的爱，也是对自己的爱。影片完美地给我们呈现了朱莉的哀悼过程，或者说，呈现了这个过程的开始。她把别墅留给了丈夫情人的儿子，这里有对丈夫的爱、对二人关系的局限性的无奈与包容，在某种程度上，这也是她对丈夫恨意的一种表达、一种切断与他的旧有关系的呈现，是她在心里与丈夫说再见的开始。她走向了一直爱慕她、爱她、理解并等待她的奥利弗，在奥利弗的推动下，她发挥出自己的音乐才华，继续完成了对《欧盟协作曲》的创作并署上了自己的名字。这对朱莉来说是一种转化性的成长（脱胎换骨），她以自己更为独立的姿态进入音乐圈、进入社会，不再继续流浪、放逐自己，冻结、埋没自己的才华。她也开始和奥利弗建立真正的爱的关系。在与奥利弗的性中，朱莉忧伤而又平静的底色下有了些许享受之意。其中一个画面是，在漫天星辰下，朱莉像婴儿一样，平静地徜徉在水中，重获新生。

最后，朱莉坐着，哀伤地缓缓流下眼泪，看到自己一路走来的斑驳之路。丈夫情人的儿子即将降生，母亲在养老院孤独地死去，露丝面露哀伤地反思着自己的生活，男孩困惑地盯着十字架项链……生活还在继续，生命也在继续，不断地上演着各种死亡和新生。

❋

这条路

太痛、太漫长

可是生命啊

还有人间点滴温暖汇聚的暖流

推动着你我

坚守前行

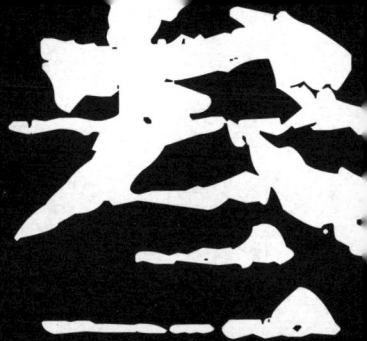

叁

第三幕

咨询室里的共舞

第十篇　与君行

——《心灵捕手》呈现的咨访双方相互疗愈的旅程

✽

我要与这个世界抗争

为所有的伤害与不公

脆弱

却在和煦的阳光下

不期而至

转为柔韧

《心灵捕手》（*Good Will Hunting*）荣获第 70 届奥斯卡金像奖

最佳原创剧本和最佳男配角等奖项。影片的主线讲述了一个深受童年创伤的天才兼问题青少年与一个失去挚爱后心伤难愈的咨询师以一种非常规的方式交锋、相遇、相互疗愈并开启生命的全新旅程的故事。

成长背景

孤儿，在几个寄养家庭中被虐待并一次次逃亡——身上依然留着被香烟烫伤的疤痕，这两个信息，就足以让人感到沉重、悲伤和恐惧。对一个孩子来说，这意味着什么？这意味着不断重复地体验被抛弃、被攻击、孤凄无依、恐惧、迷茫、无家可归，任何对爱与被爱、被善待的渴望，只能一次次地换来失望和绝望。童年的威尔对这个世界（特别是权威）和亲密关系是恐惧的。弱小的儿童无法理解和改变成年人，只能在内心不断地告诉自己，"是我自己做错了什么，如果我做对了，这样的事情就不会发生"。对威尔来说，这样做至少还能获得一点点掌控感，即使是在幻想中。

恐惧和渴望的反面，分别是反抗和拒绝。威尔从小就展现了反抗的精神、力量和实际行动。他被暴力以待，也还这个世界以暴力。在贫民窟南市区长大的他也在街头巷尾看到了很多暴力斗殴事件。家庭和社区环境，都让威尔习得了用暴力解决问题。十几岁的他屡次因为打架斗殴、偷窃等品行问题而在少管所备案。当他偶遇在幼儿园欺负过他的男同学时，那股把对方往死里打的狠劲儿，展现了他心中多少憋屈和愤恨，连警察来了他都浑然不觉。在愤怒的余波下，他袭警并因此被拘留，面临牢狱之灾。威尔完全具备反社会型人格的基础和表现，这也是后来兰博和肖恩所担心的。

转介过程

惊奇地发现天才就在身边的麻省理工学院的兰博教授，在看守所里找到了威尔，并花了五万美金保释他，条件是威尔要参加每周一次的数学研讨和心理咨询。威尔是拒绝心理咨询的，他习惯了在防御的外壳下生活，也研读过很多心理咨询的著作，他知道，在心理咨询的过程中，他需要面对自己的内心，但这太痛苦了，因为曾经的自己太弱小、孤单、无助了。"老子现在有朋友了，有揍人的本事，智商完虐那些最高学府的土狗，干吗还要去面对那些孤凄、斑驳的往事？去你的吧！！"然而，兰博教授以"面临牢狱之灾"相劝，威尔不得不在胁迫下接受心理咨询，带着对权威——警察、来自最高等学府的知名教授——的反抗，以及对在他人面前呈现内心脆弱的自己的阻抗。

威尔反抗的方式之一就是赶走一个又一个"大咖级"咨询师。他太聪明、敏锐了，攻击性又强，总是能从蛛丝马迹中看到对方的弱点并一击而中。他与前五个咨询师都只有"一面之缘"，每个咨询师都暴怒而去，而在暴怒下，是被戳中的不安和面对顽劣天才的无能。前几个咨询师的反应，不正展现了威尔的内心世界吗？因为害怕被人知道隐私，以暴怒和抛弃来隐藏自己的脆弱和无能为力。在这场与权威（兰博教授和其他知名咨询师）的较量中，威尔感觉自己赢了，他们都奈何不了他，"老子不想做咨询就不做咨询，你们休想让我做任何我不喜欢做的事情"！但是，他的投射性认同，也一次次强迫性地重复着他的生命脚本："我是不被喜欢也不被接纳的，我是会被抛弃的"。他刺出的剑，在无形中也刺伤了自己。

威尔的"伯乐"兰博教授没有放弃几乎可以成为"咨询师杀手"的威尔。无奈之下，兰博想起了曾经的同窗好友、与威尔一样来自南市区的肖恩。从社会成功的角度来说，曾经的同窗好友肖恩与兰博教授相比就很一般了；与前几个咨询师比，肖恩也没什么名气。刚出场的肖恩正在给社区大学的学生上课，他穿着看起来灰不溜秋的休闲服，这预示着肖恩的内心正笼罩着阴云。他所讲的心理咨询课程的内容——信任、在对方脆弱的时候一击而中——贯穿了他和威尔的心理咨询旅程的始终。而他做的所谓黄色笑话的比喻，其实是心理咨询的精髓："intercourse"，即精神、情感上的相互穿越。难道不是吗？

咨询过程：奇袭洗礼后的光与爱

接下来，影片以八次心理咨询为主线，以威尔和斯卡兰的亲密关系的发展为副线，呈现了威尔与肖恩关系的变化，以及二人内心和现实生活的变化。当然，影片中实际的咨询次数也不是八次，而在现实的咨询实践中，要挣脱生命早期创伤的黑色禁锢，往往需要更加漫长的旅程。

➤ 第一次咨询：较量

威尔感觉自己是被迫来的。肖恩果断地清场，只留下威尔和他二人在咨询室里。这一幕的兰博教授，是不是很像咨询室中恨铁不成钢的父母？着急、失望、担心、关切、放不下。威尔与第五个咨询师，也就是催眠治疗师做咨询时，兰博教授和他的助手在一旁关注着。我猜是第一次咨询的前车之鉴，让兰博教授不放心，后面的咨询师听了介绍后也心存顾虑，于是基本的咨询设置被打破了——这也是威尔攻击性的延伸，以及咨询师无法容纳威尔的攻击性的体现。还没开始咨询，结局就已经注定。从表面上看，威尔赢了；不过，所有人其实都输了。在那场与催眠治疗师的游戏中，他们被威尔狠狠地戏弄了一番。兰博也告诉了肖恩威尔的"前科"和种种厉害之处，但肖恩很淡定，依然坚守设置，完全抱持了威尔的攻击。在这里我们看到，在咨询开始前，移情和反移情就已经如火如荼地发生了。

　　肖恩的咨询室风格没有威尔想象中的那么"高大上"，反而显得简单而有些凌乱，这比较对威尔的胃口，他感到意外，并感觉到了某种熟悉和亲切的感觉。影片一开始，威尔就在极其凌乱的家中专注地看着书。肖恩的穿着也如之前那样休闲、随意。我相信，这给了威尔一个意料之外的好印象。但是，依然在反抗和存在阻抗的威尔很快便开始攻击肖恩的书、房间的布置及肖恩本人，一如他之前的行为模式。一开始，肖恩跟随着威尔，稳定、幽默地化解着威尔的攻击，不着痕迹。当威尔看到肖恩与战友的合照时，他的目光在那里稍作停留——肖恩是一个当过兵、可能上过战场的咨询师，这与好斗的威尔想象中的很不一样，他心生不安。于是，他更猛烈地攻击肖恩，说肖恩这类人把时间和金钱都浪费在不值得读的书上，带着贬低的意味。而肖恩只是平静地问："什么样的书值得读？"当威尔说喜欢看让人头发竖起来的书时，肖恩说，"哦，我的头发所剩不多"。肖恩以自嘲的方式回应了威尔——"我已经不再冲动，我的人生阅历丰厚，而不只是纸上谈兵"。没有激怒肖恩让威尔更加不安，他不停地抽烟，接着把话题引到举重上。他觉得自己年轻，在体力上战胜肖恩应该没什么问题。当肖恩告诉威尔，自己能举起 285 磅（129.27 千克）时，威尔的竞争与挑战的愿望再次落空了。大家不妨想象一下，如果你碰到一个这样的来访者，你会有什么感觉？你又会怎么应对呢？

但是，威尔最后将焦点落在了画上。当威尔以画为突破口，以肖恩深爱但已逝的妻子来攻击他时，肖恩忍无可忍，走上前扼住了威尔的喉咙。这样真实的个人反应完全超出了威尔的预料，他以为自己可以掌控咨询节奏。崇尚又害怕暴力的威尔，在咨询中的言语暴力被咨询师的肢体和言语暴力控制住。一直掩饰自己的威尔也震惊于一个咨询师在他面前竟会如此真实地直接反应，这与他在心理咨询的书上看到的太不一样了。

威尔知道但一直隐藏着自己攻击外壳下的伤痛，而在肖恩那里，他看到和感受到了另外一个以暴力隐藏自己无法面对的伤痛的人。在这一点上，他们是相通的。在这场角逐中，威尔看到了一个与他所预期的完全不同的咨询师—— 一个真实面对他的人。对威尔来说，两个在他看来不同世界的人，有着相同的来处、心伤和暴力。这些都为威尔后来整合脆弱的内心和厚重的外壳，并打通他所认为的不同的世界、迈向人生的全新旅程埋下了伏笔。

咨询结束后，威尔第一次主动约给他留下电话的斯卡兰——哈佛大学富有的女高才生，两个人像孩子一样玩耍、嬉笑。他半开玩笑地说，"也许我真的只是想要一个吻"。恋人的爱与母亲的爱，有所不同又有相同之处。威尔没有再被自己桀骜不驯下的恐惧所束缚，他迈出了追求心中所爱、寻求亲密关系的一步。以前，他把斯卡兰留给他的电话当作他"泡到有才的漂亮妹妹"的战利品，并向他不屑又让他感到自卑的高才生们炫耀，从而证明自己打败了他们。

咨询结束后，肖恩对兰博说咨询将会继续下去。然后，他颓然地在家饮酒思人。厨房里到处都是酒瓶子，似在向我们诉说，在妻子南希过世后的两年里，这个深情的男人一直沉溺在丧失的伤痛中，借酒浇愁。

大家觉得，如果不是威尔不接受咨询就得蹲监狱的话，那么即便肖恩打动了他，他下次还会愿意来吗？在咨询室里，对于威尔这样挑衅咨询师、攻击性强的来访者，咨询师基本不会用"以暴制暴"的方式来应对，而是要么涵容来访者的攻击，要么如前五个咨询师那样与来访者仅有一面之缘。

➤ 第二次咨询：令人震撼的坦诚和诚挚的邀请

原以为第一次就结束一切的威尔，意外地发现肖恩还在。这已经在打破威尔投射性认同的生命禁锢了。肖恩把威尔带到了湖边，威尔受到触动，感到不解和不安。失去掌控感的他必须以攻击来抗拒肖恩——他嘲笑肖恩有恋物癖，而天鹅通常是忠贞的象征。湖水象征着生命、平静和开阔。在湖边的长凳上，肖恩平静地坦言自己在失眠后释然，他告诉威尔自己的丧妻之痛，以及在战场上失去了亲爱的战友。他告诉威尔，"你有很多知识，但缺乏真正的生命体验"。威尔的武装直接被接纳和理解他的肖恩卸下。肖恩继续说道："我并没有看到一个自信的有学识的年轻人，我看到的是一个自大、极度恐惧的孩子。"肖恩给了威尔自主权，但同时表达了自己加入的意愿："咨询是你自己的事情，你是否愿意让我参与到你的生命中？"肖恩展示了自己依然无法释怀的伤痛，也向威尔敞开了心扉，表达了想加入他内在生命旅程的意愿，但是否让他加入，选择权在威尔手上。威尔感到有些不安，却也被触动并升起了渴望，他在肖恩走后陷入了沉思。

公园里的湖泊、天鹅、绿树、阳光，自然有其意味。但肖恩所说的内容，明明是可以在咨询室里说的，为什么他要在咨询室之外说呢？

"这是咨询室之外的空间，你可以选择是否进入咨询；但这又在咨询之内，你是否愿意走出自己生命的禁锢，到这个更广阔、更明亮、更平静也更有生命力的世界中来呢？"在八次咨询中，只有这一次，肖恩开口后，威尔一句话也没说。肖恩敞开自己，面质威尔，诚挚地表达进入威尔内心世界的愿望。在某种程度上，肖恩将威尔带到湖边，也让抗拒咨询的威尔卸下了对咨询的戒备，似乎这不是在咨询空间内进行的。而敞开自己，是彻底的示范。但是，真正的咨询空间，也如湖水、阳光般在他们心中徐徐展开。

这是电影，它呈现了对待非常规之人的非常规治疗。但无论是把威尔带到湖边，还是肖恩开放自己的故事，在现实咨询中，我们最好是学其神，而非其形。在咨询室进行咨询的设置，对保障咨询的顺利进行是非常重要的。此外，电影所呈现的威尔尽管遭受过严重的童年创伤，但因着他自身强悍的生命力和天才的加持，他的人格结构依然是神经症性的，所以他不会轻易混淆咨访的界限。否则，像肖恩那样做会对咨询的顺利进行带来深远的影响。

▶ 第三次咨询：沉默地较劲——不带敌意的坚定

威尔在见到肖恩后感到不安，想抽烟，但被肖恩坚决地制止："不许抽烟！"在第一次咨询中，肖恩只是平静地接招，并没有立什么规矩。但这一次，他知道威尔被打动了。所以在这次咨询中，扮演父亲角色的他，坚定地给从看守所被保释出来的威尔立了规矩，确定了父性（社会）的法则。当威尔面对强大而温厚的父性力量时，他没有抽烟，但在整个咨询中，他都不说话。在某种程度上，他感觉到了他的保护壳被震到了，里面渴望父母、渴望亲密、曾经脆弱的自己被扰动，他要阻止这种扰动，他不愿意再去体验脆弱、渴望和失望带来的痛苦。另外，他不能也不敢丧失他所认为的主导权。"谁先说话，谁就输了！"肖恩陪着他坐了一整个咨询时长，以坚定、理解、包容，涵容了虽然没有说话、内心却不断翻腾的威尔。

咨询结束后，威尔在大雨中给斯卡兰打电话，电话接通后，他却没有说话。在大雨中跑到电话亭打电话，意味着威尔的渴望很强烈；最终挂断电话，意味着威尔依然被自卑和害怕所束缚。但他的内心，已经松动了，但松动也意味着他的内心要过不安和会下雨的日子了，尽管打完电话后，他在朋友面前表现得满不在乎。

➤ 第四次咨询：不完美的碰撞

一开始的沉默被为情所困的威尔主动打破。他主动提到了斯卡兰，说她是完美女孩，自己不想破坏这份完美。肖恩很快便戳穿了威尔："也许你是不想破坏自己的完美，这是极好的人生哲学，这样你就可以不用认识任何人。"肖恩主动跟威尔谈起他深深怀念的妻子的不完美，而这些不完美在妻子离世后成了最珍贵的记忆。现在，他与威尔主动分享这份记忆，而威尔也真正进入了他的世界。

威尔："你会再婚吗？"

肖恩："我的妻子已经死了。"

最后，威尔以肖恩对他说的话回敬了肖恩。在这里，我感受到了温情。在第一次咨询中，威尔无法无天地挑衅肖恩；但这一次，我觉得他的回敬带着善意。而这，也触动了肖恩。两颗心开始相互碰撞，情感与反思，在彼此间流淌。

咨询结束后，威尔在情感上更加主动。被释放后的急切，让威尔在与斯卡兰约会时甚至带着些许压迫性。他直接上门找斯卡兰，并且要求"就是现在"。斯卡兰说她要先完成功课，于是他很快地把答案给了斯卡兰，并如愿地约出了斯卡兰。当二人的关系进一步发展时，斯卡兰提出要见威尔的家人。孤儿的身份，被虐待、被抛弃的过往，这些是威尔无法也不愿意面对并感到自卑和羞耻的。他谎称自己有一打儿哥哥，并现场编出名字，还一字不差地背了两遍，以"消除"斯卡兰的怀疑。但在斯卡兰的"胁迫"下，威尔还是迈出了一步，让斯卡兰去见自己的三个兄弟——他情感上真正的家人。其实，威尔这样做是有点冒险的。他或多或少地认为，斯卡兰是因为他的天才和猎奇才喜欢他的，而这些在贫民窟的朋友——他自身及社会关系重要的一部分——可能是不为斯卡兰所接受的。但是，斯卡兰很好地融入了他们，最后，威尔最好的兄弟查克说，斯卡兰改变了他对哈佛女孩的看法。

诚然，斯卡兰被威尔的天才部分所打动，但是，她的确爱着威尔这个人，包括他的出身和他身处的现状，她想真正进入威尔的生活，包括他的内心生活，这是真正的接纳和渴望真正的结合的爱恋。相比之下，威尔对斯卡兰出生于富有家庭是羡慕、嫉妒、恨的，这个阶段的他的确也爱着斯卡兰，但固有的自卑、愤世嫉俗和对这个世界的认知，也影响着他真正去了解和理解斯卡兰。在某种程度上，他依然在做第二次咨询时他对肖恩所做的事。那时，肖恩告诫他："你不能凭借一幅画就断定我的人生。"

➤ 第五次咨询：尽管痛苦，人生值得

威尔和肖恩的关系变得松弛而自然，威尔以特别放松的姿势靠在椅子上，并将一条腿放在茶几上，他的防御或阻抗不断地在消解。肖恩跟威尔分享，他为了和妻子约会而放弃了红袜队的比赛，威尔感到不解。威尔看到，妻子的过世给了肖恩多大的打击，但肖恩告诉他，尽管有很多伤痛，也放弃了很多，但与妻子在一起的每一天，都让他感到无悔、无憾。这又是一次具有代表性的示范。

电影所呈现的威尔的进步可能会让很多咨询师羡慕，无论是其心灵的突破、成长，还是现实关系的改变。但电影的真实、感人之处，在于它也呈现了这个过程中的曲折，而这曲折，又与主

人公的创伤经历在现实中被激活有关。

当斯卡兰毕业，即将前往加利福尼亚州时，她邀请威尔一同前往。但是，斯卡兰要离开威尔并前往别处，已经触动了威尔的分离恐惧和内心的被抛弃感。曾经因被抛弃而产生的深深的愤恨、悲伤和恐惧占据了威尔，他贬低斯卡兰只是用他来自低下阶层这件事来丰富她的人生阅历，并愤怒地说出自己是孤儿，被抛弃、虐待过。威尔完全无视斯卡兰的表白和悲伤，为了不让斯卡兰有在现实层面抛弃自己的机会，在斯卡兰离开之前，他先抛弃了斯卡兰。

为什么斯卡兰挽留不住威尔，而肖恩却可以呢？斯卡兰13岁时就失去了父亲，并继承了遗产，所以她很可能在更早的时候就失去了母亲，也就是说，她也是个孤儿，她也害怕被抛弃。她说威尔对他们的关系充满不安，害怕被抛弃，她也同样如此。当威尔情绪崩溃时，斯卡兰虽然向威尔表白她是爱他的，但她同样情绪崩溃了，她直接问威尔在害怕什么，因为她无法拥抱和容纳威尔的恐惧。我们有意愿分担伴侣、亲人、朋友的痛苦，却无法感受到并容纳这些痛苦，当我们陷入被对方激发出来的情绪中时，我们还会习惯性地告诉对方"坚强些"，或者用"讲道理"的方式来试图帮助他们。这会让痛苦中的所爱之人深深地感到自己不被理解，慢慢地，他们只会关闭自己的心门，独自承受痛苦。

➤ 第六次咨询：直面人生选择

在第六次咨询前，兰博教授开始帮威尔安排工作面试，但肖恩坚持要让威尔明白自己的心之所向，二人为此发生争执。此时的威尔依然会移情性地认为被权威控制，他也害怕离开他的"家"——以查克为首的、他与三个好兄弟组成的"家"。在这个团体里，让他所自卑的一切都会被接纳，因为他们来自同样的地方，也处在相同的阶层；只要他发声，这些好兄弟就会一拥而上，哪怕是触犯法律或违背自己的意愿。威尔不能失去这个让他感到无拘无束的安全港湾，并迈向一个依然让他感到不安的世界。于是，他让查克代替他去面试，查克甚至讹了面试官一笔钱。当机会来临时，威尔不敢握住，他以戏耍的方式来掩饰他的怯懦。我突然想起电影《海上钢琴师》(*The Legend of 1900*)，里面的孤儿、天才钢琴师 1900 宁肯随着他一出生就待在上面的船沉浸，也不愿（不能）冲破自我禁锢的桎梏，到陆地上来，即便只是为了求生，即便他爱恋的女孩在陆地上。成长停滞，也是象征意义上的死亡。巧合的是，威尔在给斯卡兰解释他是如何不费吹灰之力地做出连哈佛高才生都要费尽心思才能做出的题目时，也用了钢琴的比喻：当天才面对钢琴时，他们看到的是乐曲，而非普通人看到的琴键。

在这次咨询中，一开始肖恩问威尔他的灵魂伴侣是谁。威尔说的都是一些已逝的大人物，肖恩说，他们无法跟威尔进行互动，所以不是灵魂伴侣。接着，肖恩又直接面质威尔："如果你只想做清洁工，为何选择在一流的科技学府？你真正想做的是什么？"威尔说，他想当牧羊人。肖恩开门让威尔走，但这并没有让威尔感觉被抛弃或担心自己会被抛弃。出乎意料地，威尔着急地说："不！时间还没到，我不走！"他和肖恩的关系让他感觉非常安全，因为肖恩在情感上、在威尔所在的地方和他在一起。这也和他没有穿好衣服就离开斯卡兰形成了对比。

肖恩："你不回答问题，浪费我的时间！"

威尔："我以为我们是朋友！"

肖恩的做法很有禅宗的"当头棒喝"的味道。但刚刚失恋的威尔也进行了反击。

威尔："你的灵魂伴侣在哪里？你要谈灵魂伴侣，她在哪儿？"

肖恩："死了。"

威尔："对，她死了，你就不敢再为人生下赌注了。"

肖恩："起码我玩过一把。"

威尔："那你输了，输得很惨，有些人输得那么惨，但还会再下注！"

肖恩："看着我，你想要什么？"肖恩坚持着他的坚持，但威尔也触动了肖恩。

这样的灵魂拷问，需要咨访双方都有强健的灵魂，以及心与心相联结的高度信任关系。

失去斯卡兰的威尔以愤怒隐藏他的悲伤和落寞：他攻击、羞辱了兰博教授，甚至在兰博教授抢夺要被他烧掉的数学题并颓然地跪在地上"表白"时扬长而去。这一幕与他离开斯卡兰的那一幕，是否有些相似？他说与兰博教授研讨数学是在浪费时间，这除了是在攻击兰博，不也是在自我攻击吗？人们在过去塑造的内在情感模式，总是会重复地体现在行为上。

但在第六次咨询和第七次咨询之间，在威尔感到消沉、困惑之时，查克和威尔的一段对话，对推动威尔继续前行至关重要。查克说："你与我们不同，你手握百万美元的奖券，却不去兑现。我每天最幸福的 10 秒，就是去找你的路上，我希望你已经不在房间里了。"对威尔来说，这意味着他的前行是得到"家人"的祝福和鼓励的，他并不会因为前行而失去自己的"安全港湾"。查克说的"我懂得不多，但我知道这个"，深深地打动了我。心灵的温厚和良善，远比只有学识来得重要得多。查克对身边的亲密朋友（威尔），不是羡慕、嫉妒、恨，而是满怀祝福、鼓励地推动他前行，让他到他可以到达的位置；在他需要的时候，查克会陪着他喝酒、打架，甚至当出气筒——在影片开始的时候，威尔故意将棒球反复打在查克身上。有朋如此，夫复何求？

➤ 第七次咨询：这不是你的错

威尔迟到了，着急的兰博教授担心威尔不再来了，并因此和肖恩起了争执，这一事件揭开了昔日的同窗好友之间的矛盾。肖恩说："他是个好孩子，我不会看着你像现在糟蹋我一般地糟蹋他……"而这些，被门外的威尔听到了。肖恩对威尔的肯定，以及维护威尔的态度，为威尔内心脆弱的呈现做了铺垫。

肖恩打开了威尔的档案，里面关于他在童年期受虐的照片让人悲伤、心疼。肖恩也说了他年幼时为了保护母亲和弟弟而被酒鬼父亲殴打的经历。威尔问这些是否会导致依恋障碍和害怕被抛弃，以及这是否成了他和斯卡兰分手的原因？这是把过去的经历与现在的亲密关系困难联结在一起而进行的诠释。威尔的大脑很强大，他的反思功能也很强，他给自己做了一个诠释。但头脑层面的理解和知道，无法带来根本性的改变。困住威尔的，是对亲密关系的恐惧、对失去安全基地的恐惧。

当肖恩问威尔是否愿意谈谈和斯卡兰分手这件事时，威尔第一次在肖恩面前呈现出他的悲伤，但他依然不想谈。肖恩告诉威尔，"这不是你的错"。威尔说，"我知道"。这时候，威尔说的是头脑层面的知道。于是，肖恩一遍遍地告诉威尔，"这不是你的错"，带着理解，以及情感上的抚慰。这句话承载着它那巨大的情感力量，深深渗透进了威尔的整个内心世界，他内在的小孩战栗了，他被呼唤、被抱持、被正名——"是个好孩子"。威尔抱着肖恩失声痛哭，肖恩抚摸着他的头说，"孩子（儿子），这不是你的错"。这是深深的相遇时刻。曾经的肖恩也在内心认为，一切都是自己的错。他走过这样的旅程，所以他懂得威尔的痛。我们走过的路，都会或多或少地留下痕迹，即便我们已然放下。这种带着深深的理解、又能够涵容威尔的拥抱，是一种深刻的情感矫正。威尔在肖恩怀里一边哭一边说着对不起，但是哪个威尔（现在的，还是童年时期的），在对谁说对不起呢？在这样充满情感的氛围下，也许谁也无法分清吧。童年时期的威尔也会说对不起，并以为一切都是自己的错；而现在的威尔也会对肖恩曾经说的"你不知道自己在做什么"的事情说对不起。

这次咨询结束后，影片呈现了一个较长的画面：威尔一个人乘坐公共交通工具，从白天到黑夜，沉思着。他在回顾自己过往的经历，回顾自己经历过的黑暗的痛苦时分，以及人生的快乐时刻。

画面切到河流，皮筏艇在往前滑行，在阳光的照射下留下串串涟漪。这一幕也预示着，生命的河流在往前行进了。

之后，威尔自己去面试了。影片也第一次出现了他的全名——Will Hunting，而电影的名字，就叫"Good Will Hunting"。这预示着，他以匹配自己才华的方式，在社会上寻找、获得属于自己的身份。威尔是一个好孩子，一个不再荒废自己、暴殄天物的人才；他和肖恩，也成了彼此的心灵捕手。

➤ 第八次咨询：道别与新的旅程

阳光洒进咨询室，二人放松地坐在一起。威尔决定接受教授介绍的工作。肖恩问："这是你想要的吗？"威尔说："我想是吧。"威尔往前走了一步。

与所有好的心理咨询一样，结束时威尔有些不舍，而肖恩虽然不舍，却很坚定。威尔希望与肖恩保持联络，而肖恩要开启一段新的旅程——他要进行一次漫长的旅行。二人对面而站，像温馨的父子一样，而威尔，也已成长为独立而自信的年轻人。当二人相拥告别时，威尔调皮地问，这是否符合咨询的规定？肖恩幽默地笑着回应道："除非你摸我的屁股。"这与最开始的所谓"黄色"的笑话遥相呼应，而这样的对话，也如父子嬉戏一般。这是两个人在童年时期都缺失的吧？二人对彼此表达感谢，威尔在这个过程中被疗愈，而肖恩也被威尔的"攻击"触动并走出哀思的泥潭。

威尔接受了朋友们送他的 21 岁生日礼物——他们各尽所能地帮他组装的一辆"新"车，以方便他去剑桥大学上班。威尔的前行，不只得到了查克的祝福和鼓励，还得到了所有朋友的祝福和鼓励，这在无形中又给予了威尔很大的力量。

　　威尔来到肖恩的住所，曾经桀骜不驯、愤世嫉俗的年轻人，此刻心中有爱、眼中有光。他给肖恩留下了一封信。此时的肖恩正在收拾行装。他的着装，整洁而靓丽：藏青的夹克上，有以红色为主的衣领、袖口和胸饰。他现在的心情，如同外面的阳光一样灿烂。威尔告诉他："肖恩，如果教授问起关于我工作的事情，请和他说声抱歉，因为我要去找一个女孩。""因为我要去找一个女孩"，这是肖恩曾经和威尔说过的话。威尔内化了肖恩在亲密关系中的果决，他开着"家人"送给他的车，到加利福尼亚州追寻自己的亲密爱人斯卡兰去了。威尔将这件事告诉肖恩，一方面表明他就像做坏事的孩子一样寻找父亲的庇护；另一方面也表露出他的成长还在进行中，他不敢直接告诉兰博教授，是因为他对教授怀有敬畏之心，他不想再像之前那样辜负教授的苦心安排。当然，去掉了外壳后，孩子的成长还需要一个过程，我相信未来的威尔一定能够以成年人的方式告诉兰博教授自己的决定、这么做的原因并致歉。影片这样的安排，合理又俏皮。

　　查克再去接威尔的时候，威尔如他所愿地不告而别。威尔的房间被他收拾得非常整洁，这意味着威尔内在的"房间"也被收拾整洁了。这一幕与一开始呈现的威尔凌乱的房间遥相呼应。在片刻的难过和不舍后，查克释然了。

两个"父亲"：兰博和肖恩

结尾威尔在给肖恩的信中称呼兰博教授为"The professor"，而非"Professor Lambor"，我在第一次看这部电影时，觉得这个称呼太有距离，而且缺乏温度，更不要谈助教所说的感激之情了，我有些为兰博教授感到不平。但这也引发了我的思考，我是更想遇见一个只欣赏我的才华并推动我走向成功的"伯乐"，还是更想遇见一个接纳、理解我这个人，希望我能够听从内心的声音，过上幸福生活的人？答案是后者，如果必须二选一的话。当然，威尔很幸运，二者他全都拥有。

兰博教授在发现了天才威尔后，竭尽全力地帮助他，甚至在被他当面羞辱根本就解不了那道数学题后。威尔多敏锐啊，当兰博教授开始以那些威尔不知道的定理名词来搪塞他时，他就知道兰博教授解不了了。在某种程度上，兰博教授对威尔的接纳也接近无条件了：他花重金保释威尔，帮助威尔找的工作都是极为高端的公司或政府部门的工作，只是最后都被威尔放了鸽子。要知道，这可是菲尔德奖得主、世界著名教授兰博！只是，兰博教授的接纳都源于威尔的天才。当兰博和肖恩吵架时，兰博将威尔视为家人的朋友称为"智障"，这种高高在上的、对由于种种原因没能接受高等教育而去"搬砖"的人的态度，也许也是横亘在兰博教授和威尔之间的鸿沟吧。南市区、低阶层，那是威尔的根。

一个人无论走多远，都与根血脉相连。

结语

于我而言，这部电影呈现了一个温厚、坚定、有着丰富的人生阅历和体验的人（"父亲"），以自己最赤诚的心，带着对另外一个人（一个问题"儿子"）的深深的接纳、看见、理解和包容，通过开放和示范自己，来引领、召唤他—— 一个受伤却异常有力量的灵魂——挣脱桎梏、勇敢前行的故事；引领者（"父亲"）也在这个过程中被搅动，放下过去的伤痛，并继续自己的生命旅程。

前行的路永远是曲折的，没有什么能一蹴而就。电影所呈现的，是极为积极、乐观的改变，而在现实中，做出改变往往会漫长一点。

愿我们都能走出心伤，开启人生的全新旅程！

✳

你与我

以此方式结缘

共渡一程

感谢有你

第十一篇　相遇之美

——从《国王的演讲》看心理治疗过程 [①]

✳

他是一国之君

内心却有个惊恐、愤怒的小孩

言为心声

因为内心无法释放

言语也无法流畅

他是一介平民

---

① 本篇文章首发于《心理学通讯》2018 年第 1 卷第 3 期（页码 233-238，DOI：10.12100/j.issn.2096-5494.218071）。

为养家糊口而奔忙

同时拥有一颗高贵、平和的心

他们相遇了

这是一个国王和一个街头平民的故事

一个走投无路的病人和一个在实践中自学成才的心理医生的故事

一个自卑又自傲的孩子和一个坚韧、温暖的父亲的故事

一个关于人与人之间的信任、接纳、理解和超越的故事

1925 年，统治着世界上超过四分之一人口的国王乔治五世要求他的二儿子约克公爵，即影片《国王的演讲》(*The King's Speech*) 的主人公伯蒂，在伦敦温布利的英帝国博览会闭幕式上发表讲话。伯蒂满怀恐惧、竭尽全力，最终还是没能完整地说出一句话，妻子悲伤又心疼地流下了泪水。1939 年，作为一国之君的伯蒂在心理医生罗格的陪同下，在一个被罗格布置得有家的温馨感的演播室里，对着罗格流畅地做了那带着决心、力量、勇气、信仰和仁慈的对德宣战演讲。这对伯蒂来说，是一场蜕变之旅。之前的犹疑不安转化成了庄严、力量和自信。他赢得了掌声、尊重、敬意和民众的欢呼。以上是于 2011 年获得奥斯卡最

佳影片、最佳导演、最佳男主角、最佳原创剧本四项大奖的电影
《国王的演讲》的开头和结尾。其中发生了什么，使得伯蒂有这
样的惊人逆袭？伯蒂与罗格之间有着怎样的关系？伯蒂又经历了
怎样的心灵旅程？接下来，我们将以这部电影为蓝本，从动力性
心理治疗的角度来看看心理治疗过程。

何谓心理治疗过程？心理治疗过程包括病人与治疗师接触并
建立关系的开始阶段、持续的中间阶段，以及最后的结束阶段；
在这个过程中，病人与治疗师建立的情感性人际关系、病人的症
状和内心世界、治疗师对病人的心理变化、心理治疗过程中浮现
的主要议题和情感基调都会相应地在这个过程中展开、变化。

开始阶段

在心理治疗的开始阶段，治疗师需要对病人进行心理评估，
确定治疗目标、治疗设置、治疗方法，建立治疗联盟。治疗设置
包括治疗的场地、时间、频率、费用，以及是有时限性的治疗还
是开放性的治疗等。建立起治疗联盟的标志是：治疗师经过评估
后判断自己可以帮助病人，病人对治疗师这个人及其治疗能力有
信任感，两个人能够为协商好的治疗目标一起工作。

在电影《国王的演讲》中，心理治疗的开始阶段是如何展开

的？伯蒂接受了各种"正式"的治疗但均没有效果，于是他绝望地放弃了治疗。但是，他的贤妻没有放弃。经过语言矫正协会主席的介绍，她找到了"备受争议"的"罗格医生"。尽管罗格没有接受过专业的口吃矫正和心理治疗的训练，但面对如此显赫的皇室成员，他依然凭借个人魅力和治疗实践经验，在坚守治疗设置方面呈现出了非常专业的水准：他坚持治疗必须在他的家里——他的工作室里——进行。一个清晰、安全的设置是任何形式的心理治疗，尤其是动力性心理治疗和精神分析的前提，就像手术需要在手术室里进行一样。而且，这里还有一个隐含的信息，即无论在治疗室外你的身份有多显赫，在治疗室里，你的身份就是一个前来寻找帮助的病人。接纳这一点，对治疗本身非常有帮助。尽管大部分病人都是为了减缓症状来到治疗室的，但症状本身是有功能的，它是心灵真实的反应，所以治疗的根本还是在于对人本身的治疗。外在于人的锦衣华服，反而常常是治疗的阻碍，这在《国王的演讲》中也得到了体现。在伯蒂的妻子帮他预约后，罗格与伯蒂进行了首次初始访谈。

➤ 失败的初始访谈

应该说，这是一次失败的初始访谈。也许是伯蒂的身份过于尊贵，人格很成熟的罗格在面对伯蒂时显得有些紧张。在第一次访谈中，他表现得非常激进。在简单的介绍和相互打量后，罗格不顾伯蒂的反对，依然称呼他为"伯蒂"——这个"只有家人才这样称呼我"的名字；而且，罗格不尊重伯蒂的人际习惯，要求伯蒂直接叫他的名字"莱昂内尔"，而非"罗格"。因为他要求绝对的平等，而在他的概念里，相互只称呼名字，代表了平等。这是一个"破裂的二"。

实际上，互动双方因为不同的成长环境和文化背景，存在不同的理念和行为方式。在这种情况下，如果无法或没有从对方的角度考虑问题，就会导致不可调和的冲突。因此，在一开始的关系建立上，在称呼名字上，罗格犯了不尊重病人的习惯及侵犯其个人界限的错误，这是他犯的第一个错误。罗格在完全没有给伯蒂进行适当的心理教育（介绍要用什么样的治疗方法、为何这种治疗方法有效），也没有征得伯蒂同意的情况下，直接就问伯蒂最早的记忆是什么。这么快地询问如此隐秘的事情马上便激起了伯蒂的防御。这是罗格犯的第二个和第三个错误。接下来，伯蒂不悦地询问罗格泡茶的时间是否要收费，罗格开玩笑地说，"是的，这要收很高的费用"。也许，罗格需要用泡茶和开玩笑来缓解自己的紧张。伯蒂明显压下了自己的怒火，也许那时他在心里已经决定离开这个医生了。这是罗格犯的第四个错误——没有根据病人的反应及时调整自己的回应方式，或者说，没有贴着病人的体验，对其愤怒进行回应。罗格坚持让伯蒂听着音乐读莎士比亚（Shakespeare）的《哈姆雷特》（*Hamlet*）中的著名片段，并录了音，不过伯蒂完全不知道这样做的作用和意义，读完后他告诉罗格，这个方法不适合他。这是罗格在初始访谈的整个过程中犯的第五个错误——过度主导访谈，没有得到病人的配合。初始访谈就此流产。

➤ 峰回路转：协商前行

转机来自 1934 年伯蒂在父亲乔治五世的逼迫下失败的圣诞演讲。一直以来，伯蒂都认为只要有大哥大卫在，他就可以不用承担当国王的责任。然而，大卫迷恋辛普森夫人——一个离异过两次的美国女人，英国皇室不允许国王娶这样的女人为妻。伯蒂隐隐地感觉到了承担重任的危机，他进行公开演讲的责任也变得更加重大了。绝望的伯蒂想到了自己曾经在罗格那里录的 CD，然后他惊喜地发现，在 CD 里，他的朗诵非常流利。这给他带来了希望。他重拾对罗格的信心，并回来找罗格。这一次，罗格明显吸取了上次的教训，在伯蒂妻子的协调下，伯蒂和罗格共同商议了治疗的方法、频率和谈话的范围。伯蒂主动问罗格："我会努力配合，你会做好你的那部分工作吗？"这时，治疗联盟形成了，开始阶段的任务也顺利完成了。

中间阶段

➤ 修通是中间阶段的重要特征

"修通"这一主题，是动力性心理治疗过程中间阶段的重要特征。何为修通？如果把"病""症状"，或者说"苦难"，比作一个长在身体上的脓疮，那么治疗过程就是开疮引流、再生长的过程，而修通就意味着这个过程基本完成。精神分析根据不同的病理程度或人格的成熟程度，将人的人格结构划分为精神病性、边缘性和神经症性的人格结构。如果还是用树来作比喻的话，精神病性的人格结构就相当于病在树根上，边缘性的人格结构就相当于病在树干上，神经症性的人格结构就相当于病在树枝上。当然，疮可以长在不同的部位、不同的深度，也许一段时程的治疗能挖的疮是有限的，这取决于治疗目标、治疗频率、治疗时程、治疗师的品质、病人与治疗师的匹配度等。

生而为人的本质特征之一就是：人在关系中成长，也会在关系中受伤，甚至是受重伤；当然，凭着顽强的生命力，心伤也可以在滋养性的情感关系中得到疗愈。自体总是关系性的。而作为生命力体现之一的欲望，会在关系中被满足、被部分满足、难以得到满足或被扼杀。如果欲望被恰当地满足，个体的生命力就会依着天生的潜力蓬勃发展；如果基本的欲望不断地被打压，生命力不断地被扼杀，就会在自体的成长中留下一个个黑黑的空洞，也就是脓疮。每一个空洞里都住着一个欲望没有实现甚至被扼杀的恐惧、悲伤、孤单、委屈、愤怒的小孩，甚或是死婴。就像有的树，树根或其中心已经烂了或空了，但从表面看来，树还枝繁叶茂，不过这样的树难以长久地支撑下去，一旦碰到什么应激事件，或者吊命的目标实现了，这棵树就会倒下；换言之，这个人就会崩溃——常常以症状的形式到来。症状是关系留在自体上的空洞的呈现或表达。

用精神分析的言语来讲，修通就是在治疗互动中，病人的无意识呈现出来、被看见并被化解。在中间阶段，治疗师和病人会找到治疗的方向并集中于具有核心冲突的关系主题。病人可以体验到他对自己和他人的情感，他的渴望、恐惧、抗拒和挣扎，而且他可以看到这些被另外一个人看见、理解和接纳。通过这样的方式，他可以确定地获得自己作为一个人的体验，以及自己的痛楚和脆弱被理解、被接受的体验，这与他无意识的负性信念和期待相反，而后者是从他童年期的创伤体验中得来的。这种新的体验使病人敢于放弃他习惯的安全策略，这种放弃一开始是尝试性的，往后病人会越来越有信心。这一过程会让病人一步步触及自己更深的冲突和痛楚，让阴影或黑暗中的小孩一点点地被看见并走到光亮中，与人重新建立联结并获得洗刷痛苦、再度成长和整合的机会，这就是修通的本质。

接下来，我们将从阻抗的呈现与消解，以及移情、反移情的识别与处理这两个方面来看电影《国王的演讲》呈现的修通过程。

➤ 阻抗的呈现与消融

在动力性心理治疗中，病人所做的任何影响治疗深入进行的有意识和无意识行为，都被称为"阻抗"。尽管病人受到症状的极大困扰，也急切地希望改变——这在影片中呈现为伯蒂被口吃所困扰，有时甚至感到绝望，因此他迫切地希望改变——但当罗格告诉他，谈论隐私并触及情感会有更好的、根本性的治疗效果时，伯蒂断然拒绝了。为什么？尽管脓疮一直在那里隐隐作痛，但它被触及的时候更是让人疼痛难忍；动手术开疮引流会让人紧张、担忧，特别是在人们对手术医生的水平不了解的时候；要是不打麻醉直接开刀，就会让人痛得撕心裂肺；如果脓疮长在身体的核心部位，开疮引流还会伤筋动骨。所以，从病人的角度来看，阻抗是长期以来建立的针对心灵伤痛的保护系统。消融阻抗有两个重要的因素：一个是伤痛过于强烈，个体再也无法通过阻抗来保护自己；另一个是有能够呵护、温暖、净化这些伤痛的、比防御更加强大的力量，这往往来自滋养性的情感关系。冲破阻抗后，痛苦的时候就有人陪伴，黑暗的地方就有光线进来。伯蒂并不想去体验他在年幼时曾体验的那些恐惧、孤独、无助、脆弱的情感；在意识层面，他也要保护皇家的颜面，不去谈皇家的隐私。可是，随着伯蒂和罗格的相处，他日益信任罗格，他们之间也逐渐建立起父子般的情感联结。而真正的情感联结是防御外壳的消融剂。

父亲乔治五世过世后，悲伤的伯蒂在罗格的鼓励和引导下，说起了他的童年故事和家族故事。他们共同的努力消融了伯蒂的阻抗，这是治疗过程中的一个里程碑式的突破。

人的内在痛楚有不同的深度，其阻抗也是一层一层的。影片所展现的伯蒂的更深层的阻抗是对当国王的恐惧。伯蒂知道哥哥执意娶辛普森夫人，而哥哥是第一王位继承人，但伯蒂太害怕了，害怕得只能在现实中不断地劝诫哥哥；而在罗格那里，他则不断地用愤怒来防御自己的恐惧，甚至在罗格说"你自己就可以做国王"的时候羞辱罗格，单方面宣布结束治疗，并拒绝罗格向他道歉、寻求和解。这些都是他阻抗的表现。他无法面对自己对无力承担国王之责的恐惧，更加害怕处在这个至高之位上，他害怕自己会因为口吃成为遗臭万年的"口吃乔治六世疯国王"，如同他的祖上乔治三世那样。

在加冕礼彩排现场，在当国王的强大压力和对罗格诚信的怀疑下，在他内心的绝望感（他觉得永远也没有人能够帮助他治愈口吃）爆发时，他终于将内心的恐惧表达出来。在这之前，他和罗格已经建立了充满信任且深刻的情感关系：伯蒂和妻子一起到罗格家登门致歉；伯蒂在大主教反对时，坚持让罗格随他坐在家人的包厢里。当伯蒂质问罗格的资质时，罗格告诉他，他治愈了很多从战场回来后因恐惧而无法言语的士兵。这些士兵无人可以倾诉，而罗格的工作就是帮助他们找回说话的自信，并让他们知道，总有位朋友愿意倾听。"这肯定会引起你的共鸣，伯蒂。"罗格成功的实践经验、对伯蒂的理解和信心通过他的解释传递给伯蒂，这使伯蒂能把自己最深层的恐惧呈现并表达出来。在这次冲突中，伯蒂从质疑、绝望的愤怒、悲伤、恐惧，以及害怕自己是个"voiceless"（无言）的国王，成长到在愤怒中充满力量且流畅地喊出"I have a voice"（我有自己的声音），完全信任罗格，更加自主、决断地为自己做决定。他在这一过程中完成了一次心理上的飞跃。他和罗格的关系也有了一个质的提升。

➤ 移情、反移情的识别与处理

对移情和反移情的识别与处理，是精神分析和动力性心理治疗的核心技术。移情是指病人将早年经历中对重要他人或所渴望的重要他人的情感反应、幻想放在治疗师身上；反移情是治疗师在面对病人时被激发的种种情感、幻想，以及身体反应。不过，总体来说，精神分析在反移情上对身体反应的部分强调不够。事实上，移情和反移情现象本身在生活中处处存在，移情和反移情的概念也是以主体是谁来定义的，只不过在生活中，我们不以这样的术语来描述。治疗师会通过自己的反移情体验，来感受病人的内心世界（一致性反移情）或与病人互动的重要他人的感受（互补性反移情），并由此来理解病人的内心世界及其渴望。治疗师也会在治疗互动中感受病人分配给他或无意识地期待他扮演的角色，这个角色也许是过去让病人痛苦的重要他人，治疗师需要将其识别出来，以此来理解病人并做出与之前的重要他人不同的回应，修正病人的人际体验；或者，这个角色是病人在幻想中一直期待的缺位的重要他人，治疗师要加以识别，在一定程度上完成这个角色的功能，使病人的内在小孩有机会在这个具有滋养性情感意义的互动中呈现、表达并重新成长。

　　下面我们从这个角度来看伯蒂和罗格的情感互动。在开始阶段，伯蒂对罗格的期待是一个绝望的病人对治疗师的期待，他规定了不谈情感，不谈隐私，只要身体性的治疗即可。也许，这里有伯蒂对罗格的负性移情在。在他年幼时，他遭受了保姆的虐待，"坏保姆"这个内在客体意象在一定程度上影响了平民在他心中的整体意象。他害怕保姆，也把对保姆的恐惧投射到了其他平民身上，所以他在他们面前说不出话来。他说，"我对他们一无所知"。另一个角度是，为了保护自己，他的心门对平民关闭了。面对罗格这个平民，伯蒂不希望罗格再侵入他内在的情感世界。可是，当伯蒂听着音乐读莎士比亚的作品时，我们看到了罗格眼神里的慈爱、欣赏、鼓励和信心，这是父亲对一个困难中的孩子的眼神，也是伯蒂一直渴望的父亲的眼神。这里有罗格对伯蒂的反移情，但是他对伯蒂的这份情感，无言而真实，他是伯蒂心里那个恐惧小孩情感意义上的滋养性的父亲。

我们看到尽管在治疗开始后，他们的确遵守了约定，只是做肌肉训练等身体层面的治疗，可是二人在朝夕相处中也逐渐建立了父子、朋友间的情谊。伯蒂习惯了罗格叫他只有家人能称呼的名字"伯蒂"，伯蒂也不再叫罗格"罗格医生"，而是称呼其名字"莱昂内尔"。罗格像父亲一样出于爱意管束着伯蒂，不让他抽烟，伯蒂也乖乖听从。罗格陪伴伯蒂一次又一次成功地进行了一些演讲，伯蒂对罗格的信任和依赖也逐渐加深。

治疗性的突破发生在伯蒂的父亲乔治五世驾崩后，伯蒂未约而至时。失去父亲的伯蒂悲伤不已，而没有在父亲在世时获得其肯定，也让伯蒂深深地感到遗憾。在移情中，伯蒂已经把罗格当作父亲了，一个失去父亲的孩子在急切地寻找着另外一个更具有积极情感意义的父亲以抚慰自己丧失的伤痛；而更早年的丧失的伤痛也暗流涌动，并在罗格的鼓励、引导、抱持下被倾倒出来。在影片中，我们看到，罗格在与伯蒂谈话时多次提及他的儿子们。第一次见面时，伯蒂驻足在一架悬在空中的模型飞机前，当时罗格就说："这是我的儿子们做的，做得很好，不是吗？"作为一个父亲，罗格一直陪伴自己的孩子们成长和玩耍，允许他们发展自己的兴趣爱好并为他们感到骄傲，而这些，是伯蒂从未从他过世的父亲那里得到过的——他也喜欢做飞机模型，但他的父亲乔治五世不允许，父亲要求他们以父亲的兴趣为兴趣。显然，这也是一种丧失，同时也是一种隐而未见的缺憾。

在父亲驾崩、伯蒂造访罗格的夜里，伯蒂告诉罗格，他天天在家做一个小时的练习，雷打不动。这一方面体现了作为病人的伯蒂对医生罗格的良好的治疗依从性，另一方面也是失去父亲的伯蒂以这种形式与在移情中作为父亲形象的罗格保持联结的方式。为了帮助伯蒂，罗格让他通过唱歌把心里话说出来，而奖赏就是他可以做飞机模型。这是父亲对待小孩子的方式。而伯蒂在"父亲"的见证下，实现了儿时做飞机模型的愿望。在相对放松的状态下，在罗格的共情性陪伴和引导下，伯蒂说出了他的隐秘和伤痛——和哥哥一起去风月场所、从左利手被迫改为右利手、因膝盖外翻而接受痛苦的矫正手术、因为口吃被周围的人嘲笑……之后，随着悲伤的音乐响起，他早年被保姆虐待的事件伴随着痛苦的情感被倾诉出来，随之被倾诉出来的还有因癫痫而过世并不再被提及的兄弟丹尼。这是治疗的一个突破性进展，也是他们之间建立起实质性的情感联结的一个里程碑。

移情和反移情的发展，以及真正的情感关系的推进，与面对和消解一层又一层的阻抗常常相互联系。前文解读的关于伯蒂对当国王的阻抗，以及二人在互动中消解阻抗的过程，其实也渗透了他们之间情感互动的进展。在这个过程中，最让我感动的是，罗格在被伯蒂就悬殊的社会地位进行羞辱并单方面宣布终止治疗后，在妻子的劝说下承认自己激进的错误，并向伯蒂道歉。这是一个治疗师对病人的理解、包容和爱护，更是一个人格高贵的人对另外一个人的仁慈和友善，也是一个充满慈爱且坚韧的父亲对心怀恐惧的孩子完全的接纳和怜惜。而在伯蒂质疑罗格的资质那个场景中，"父子"情感联结的线又吻合在一起了。

父亲过世后，伯蒂在没有预约的情况下造访罗格时说道，父亲临死前说，伯蒂所具备的勇气超过其他兄弟的勇气加起来的总和。只可惜，乔治五世并没有当着伯蒂的面说过。这对一个儿子来说，是终生的遗憾。在加冕礼彩排现场，伯蒂在罗格的激将下终于大声而有力地喊出："我有自己的声音！"罗格坚定且欣喜地告诉伯蒂："是的，你的确有。你是如此有毅力，是我认识的人里面最为勇敢的人。"在这充盈着父子之情的移情和反移情（也是真实的情感互动）中，伯蒂未从亲生父亲那里得到肯定的缺憾得到了情感性的矫正。

很快，场景便来到了对德宣战演讲——一次关乎国家命运甚至关乎世界命运的演讲。所有人都捏了把汗，伯蒂更是紧张。罗格镇定地和他说："忘掉所有的一切，只是说给我听，说给我这个朋友听。"在罗格温暖、有力的陪伴下，演讲获得了空前的成

功。在这个过程中，伯蒂心中恐惧的小孩和他那位高权重同时也
责任重大的国王身份衔接起来。在大家的恭贺声中，伯蒂第一次
那么自信满满、坚定有力地携带着妻儿走向阳台，接见欢呼的大
众。在走向阳台前，他回头寻找并望了一眼罗格，眼神里充满了
喜悦和自豪，罗格朝他点了点头，如同父亲鼓励孩子独立地走向
社会，承担属于自己的责任一般。当伯蒂站在阳台上时，罗格换
了位置，目光依然追随着伯蒂，眼神从沉稳、坚定到渐渐泛出爱
意。这份联结，这份追随的目光，让"孩子"可以勇敢地去放飞
自己。

结束阶段

影片在罗格注视伯蒂的目光中结束，罗格也被授予了爵士勋
章。在现实生活中，伯蒂一生都和罗格保持着朋友关系，伯蒂的
口吃也并没有被完全治愈。而在实际的临床工作中，心理治疗需
要有结束阶段。那么病人什么时候能够结束治疗呢？这就要从病
人的目标是否基本达成来进行判断。总体而言，从成长的角度来
说，如果病人建立了根植于自身生命力的和谐、连贯的自我，更
加具有自我弹性和包容性，能够适应社会、享受生活，或者说，
病人的内在小孩获得成长，并与其他人格部分进行整合，那么治

疗的目标就达成了。怎么判断病人的治疗到了结束阶段呢？从感觉层面来讲，如果治疗进行得顺利，那么在双方开始明确讨论结束治疗前，治疗师和病人就会经常考虑可以结束治疗。当然，动力性心理治疗的结束有一些标准，如病人体验到症状减轻或不再体验到症状，病人理解了自己的防御、在一定程度上消解了防御或可以适时地进行防御，而不用时刻背负防御的外壳，病人能够识别、理解并修通自己的移情反应等。

结束阶段的一个重要主题是分离，病人必须离开治疗师，而治疗师也要允许病人离开。分离是一个过程，对于一个长程、开放式的治疗，治疗师需要给这个过程预留足够的时间。在结束的过程中，病人有时会表现出以前的一些症状，这表达了对分离的恐惧。有时，病人会感到矛盾：他一方面希望与治疗师分离，另一方面又不希望，因为他对独自解决问题还存有疑虑。同时，病人也会表现出对独自探索这个世界的好奇与兴奋。与治疗师的分离体验也会激发出病人的生活经历中没有被解决的一些分离体验，治疗师可以将这些一并处理。此外，结束治疗需要做的工作还包括治疗师与病人一起回顾治疗，一起确认在治疗中获得的新的体验、新的视角和成长，以及治疗中有关失望、局限和不成功的部分，并与病人讨论其今后可能的计划。总之，病人将开始成为自己既往、当前、今后个性的专家，更好地理解自己内在的动力、自身个性的优缺点，能够以轻度或非神经症的方式去体验并采取行动，享受生命与自己的生活。

结语

长路漫漫，长程的动力性心理治疗过程是一个人格重塑的过程。在这条路上，潮起潮落、血泪相伴的情况会经常出现，风和日丽的日子并不多。同时，这也是一个"随风潜入夜，润物细无声"的过程。守得云开见月明。蓦然回首时，你会看见来时路的斑驳，同时发现自己站在一个更高、更远的地方，真正有力地脚踏实地，继续前行。

✹

且让生活温暖

让心流动

第四幕

告別

第十二篇　人生的终章

——从《忧郁的星期天》看如何面对死亡

✳

我们都将死去

愿我们都好好活过

　　如前文所述，《布达佩斯之恋》还有一个中文译名为《忧郁的星期天》，它是从影片的英文名"Gloomy Sunday"翻译而来的，也是影片中安德拉什所创作曲子的名字。而在现实生活中，这首曲子的原型是由牙利作曲家赖热·谢赖什（Rezso Seress）于1933年创作的，后来，它被改编为该影片的主题音乐。在最后这一篇中，我想通过对这首曲子的解读，与读者一起探讨与死亡相关的话题。

死亡是我们每个人生命中重要且必然的议题。对大部分人来说，"未能活出真正的自己"这种精神上的"死亡"让人伤悲和遗憾；但肉身的陨灭，更让人害怕。人生可贵，我们所知的生命，只有一次。不知生，安知死；不知死，又安知生。生活总是这样的矛盾混合体。如何面对死亡，非常考验我们每个人的心理成熟度。

音乐作为艺术的一种载体，其美妙、非凡的魅力在于其凝结了人类的集体精神和体验，提供了丰富而延展的空间。而对于《忧郁的星期天》这首曲子，不同的人在不同的心境下听，所体验到的内容是不同的。下面我们就从心理发育的角度，来看看几个版本的歌词对《忧郁的星期天》的赋意。

匈牙利版歌词的解读——回到偏执-分裂位

秋天到了　树叶也落下

世上的爱情都死了

风正流着悲伤的眼泪

我的心不再盼望一个新的春天

我的泪和我的悲伤都是没意义的

人都是无心、贪心且邪恶的

爱都死去了！

世界已经快要终结了　希望已经毫无意义

城市正被铲平　炮弹碎片制造出音乐

草都被人类的血染红

街上到处都是死人

我会再祷告一次

人都是罪人，上帝，人都会犯错

世界已经终结了！

一开始，歌词描述了一幅失恋后的心理图景：萧瑟、悲伤、失望甚而绝望，处于一个抑郁的状态下，但随后就转到了一个偏执的状态——整个世界都处在血腥的死亡中，所有人都是贪婪而无心的；接着，些微求助和宽恕的曙光出现——向上帝祷告，祈求他宽恕所有人，因为人都会犯错；最后，一切还是陷入死寂中。

这首歌的原名为《世界末日》(*Vége a Világnak*)。赖热·谢赖什和他的女友因爱情破裂而分手，他也因此而陷入了绝望的低谷。在两周后的一天，谢赖什坐在钢琴前，突然感叹了一句："多么忧郁的星期天呀！"随即，他的灵感如泉涌，30分钟后，他写下了这首《忧郁的星期天》。恋爱是一个非常深刻的心理过程。在流淌着生命力与爱欲的爱情的洪流下，一个人原本建立的心理界限被极度打开，孤独感解除，恋爱中的人感到完整、有归属，在某种程度上回到了原来的母婴关系中：我中有你，你中有我，我们两个人创造了一个完美的世界，而整个世界也因为有你的存在而闪光。这是一个心理世界被打开、重建的过程，伴随着强烈的性欲和融合的欲望，所有的幸福和甜蜜都随之流淌，双方都在爱的洪流中从对方那里获得滋养，男孩变为男人，女孩变为女人，或者男人更加男人，而女人更加女人，并创造深刻的联结——与对方、与自己、与存在本身。

但这也是一个危险的过程，因为在这洪流中，心理世界被打开，而原来心理发展上的不足或缺陷也会显现出来，渴望着在这一场生命盛宴上获得重新生长的机会。这时，对对方的渴望除了对伴侣的渴望外，还夹杂了很多内在欲求不满的孩子对父母的渴望，于是痛楚、焦灼、担心或害怕失去、控制、苛求、嫉妒、不满和愤怒也轮番上演，给甜蜜的爱情添加别样的色彩。在恋爱的激情里，这些不足都会被忽视，母婴关系的完美会掩盖一切；但激情终会过去（而且激情一般很短暂），这时这些别样的色彩就会让恋爱关系变得充满纠葛。如果爱有够强烈和深刻，恋爱中一方的人格结构比较完整，能够看到这些色彩背后的渴望，能够予以理解、包容和陪伴，那么这份爱就是给对方生命的一份厚礼，原来心理发展上的不足就有了再生的机会，而且这时两个人的联结中除了男女之间的联结外，还有母婴关系的联结成分，并且这种联结是非常深刻的。但如果双方爱得不够深，给予的欲望不够强烈，那么这些纠葛可能就会使关系在激情后很快冷却。如果双方都有心理发展上的缺陷（缺陷都是相对的，一个人在一方面有缺陷可能会使他在其他方面发展得很突出，同时缺陷还会使人固着），并且双方的缺陷和拥有的素质有互补和互相需要的地方，那么两个人倒是可以胶着着同行，一起痛并快乐着。也许，路上跌宕起伏多一点，也是一种斑斓的色彩。毕竟，纠缠也是一种特殊的联结。如果双方的缺陷不互补，那么这段关系，我指的是真正存在联结的关系，是注定不会长久的，因为这些缺陷在这段关系中被撕开了，一旦关系破裂，心理创口就会被血淋淋地暴露出来。对这个匈牙利版歌词的解读就叙述了这个血淋淋的状态。

梅兰妮·克莱因认为，人的心理发育会经历两个核心状态过程：偏执－分裂位和抑郁位。刚出生的婴儿非常弱小，完全依赖于妈妈的照料才能存活。但这时的他还没有自我，没有"我"和"你"的概念，更不能区分"我"和"你"，他只有各种感觉、欲望和需求。当他饿了，他会哭泣、感到恐惧，这时妈妈的怀抱和乳房可以让他的恐惧得到抚慰，让他的欲望得到满足。在妈妈温暖的怀抱里，随着温润的乳汁进入他的胃里，他的胃被填满，心也被填满，此时世界对他来说是如此美丽，并闪耀着光芒，妈妈的乳房和怀抱是满足他的一切，他也与这一切融为一体。妈妈的乳房和怀抱可以使婴儿置身于天堂，而且当婴儿哭泣时，妈妈能够来到他身边，也会让他感觉到自己对周围的影响力，自己是有力量的，想要什么就能得到满足。这时，婴儿联结的是妈妈的怀抱和乳房，而不是妈妈整个人，因为婴儿感觉不到妈妈作为一个独立的个体存在，有她自己的需求、意志及与其他人的联结。

当婴儿因饥饿而哭泣，但妈妈又无法来到他身边时，婴儿是没有预期和延迟满足的能力的，弱小无助的他会立刻体验到灭绝的恐惧，他会感觉自己处在一个四面楚歌的环境中，处处都是危险，离了妈妈的怀抱和乳房，他也就活不下去了。恐惧会滋生仇恨，仇恨会导致分裂，本就没有自我来统合各种感觉的婴儿在失去爱与温暖的怀抱后，会感觉自己四分五裂，而这些感觉的产生是由妈妈的乳房和怀抱没有来造成的，于是美妙的乳房就会变成恶毒的乳房，导致婴儿想要去攻击、毁灭妈妈，婴儿的世界也就此变成地狱。而对婴儿来说，他只生活在自己的世界里，他的世界就是整个世界，整个世界也就是他的世界，于是整个世界也就变成了地狱。这就是克莱因所描述的偏执－分裂位。但是，婴儿的感觉是会变换的，当妈妈的怀抱和乳房再次到来时，世界就又会变成天堂，乳房也会再次变成温润、美妙的滋养体。

逐渐地，婴儿会认识到，给他带来美妙感觉的乳房与他所仇恨的乳房是同一个乳房，是妈妈这个人给他提供了乳房和温暖的怀抱。妈妈有在的时候，也有不在的时候，但妈妈还是那个妈妈，妈妈是爱他的。这时，婴儿的整合感会出现，他会开始认识到自己的无力和依赖，变得抑郁，并为自己曾经攻击过爱自己、给予自己的妈妈感到内疚，进而希望做一些可以修复关系的事情。这就是克莱因所说的抑郁位。到了抑郁位，婴儿就处于一个比较成熟的心理状态了。但从偏执－分裂位到抑郁位不是直线向上的，二者也不是截然分开的，个体整体的心理发育水平到达抑郁位后，也会有偏执－分裂位的残余。在特殊的境遇下，当压力超出个体的承受能力时，个体的心理发育水平也会从抑郁位返回到偏执－分裂位；而在适度的心理养料的滋养下，返回到偏执－分裂位的心理发育水平也会再度回到抑郁位。所以，爱是使分裂走向整合、弥合一切心灵伤口的最终良药。

在匈牙利版歌词的解读下，这首歌就变成了一首失恋后在心理上回到偏执－分裂位的悲歌。恋爱是如此甜蜜，使人放下戒备并完全敞开心扉；恋爱又是魔鬼，使人伤筋动骨。心灵最柔软的地方本来就容易被刺伤，更不要说还带着尚未愈合的伤口的心灵了。失恋者往往会体验到强烈的丧失和被抛弃的感觉，而且其原来发育到一定程度的心理功能在一定的时间段内会出现退行。当感觉到丧失时，失恋者的心理发育水平还处在抑郁位，这时世界失去了色彩，甚至变得灰暗；但如果失恋者感觉被抛弃，并且其心理发育水平退行到原来的偏执－分裂位，他就会感觉整个世界都被毁灭了。这时，失恋者会偏执地想要紧紧抓住对方，似乎抓住了对方就什么都解决了；但越是抓得紧，对方就跑得越快，失恋者就越抓狂，最后失恋者就会迷失自我，对人充满仇视和愤恨，对自己也愈发不认可和恐惧。所以，"人都是无心、贪心且邪恶的"，他们内心充满血腥的厮杀，世界也终结了。也许，这首歌及其歌词与第二次世界大战前夕的阴暗、恐怖气氛有关，但它们也契合了失恋者的心理变化过程。当然，心灵是有很强的自我修复能力的，而时间是最好的良药，如果个体的人格发展总体上还算完整的话，那么在一段时期的心理振荡后，伤口会慢慢结痂；但如果个体的人格发展本身就有缺陷，就像一座危房，一场小地震就会让它坍塌，顺带着还会把里面的人压死（这里面的"人"指的是人格发育的种子），那么结果可想而知。每个人人格发育的种子都是好的，但需要有好的条件才能开花或成材。如果没有好的条件，花或树可能会长歪，但只要种子还在，就还有修复的机会；不过，如果种子被压坏了，就真的玩完了。

这里顺带提一句，克莱因的抑郁位和偏执－分裂位没怎么提及妈妈的怀抱，或者另一位精神分析大师温尼科特（Winnicott）所说的"抱持性的环境"。抱持性的环境对孩子的成长至关重要。

我们知道，生命源于海洋，而妈妈的子宫则是胎儿最好的抱持性环境。那里温暖且舒适，胎儿既可以在羊水里徜徉，被子宫柔软地紧紧包围着，又可以源源不断地从妈妈的脐带那里得到养料，这一切宛若置身于天堂。婴儿都是哭着来到这个世界上的，离开天堂到这陌生的人世间当然会让婴儿觉得可怕。幼小的婴儿没有了子宫的抱持，该怎么办呢？这时，世界上无论哪个国家、民族的人，都会凭直觉且聪明地将婴儿紧紧地包裹住，这个动作本身就会给婴儿提供莫大的安全感，否则恐惧会让没有自我的婴儿的心灵完全"散架"。而之后，妈妈或照料者的怀抱、温柔而亲切的声音、看到婴儿时喜悦的眼神和盈盈笑意，对婴儿来说都是抱持性的环境，这个环境让婴儿感到安全、温暖和快乐。

再扩大点范围来说，一个熟悉的生活环境对于孩子和成年人都是抱持性的环境，这个环境让人感到熟悉、自在和亲切。这些都还是有形的抱持性环境，无形的抱持性环境就是妈妈的情绪，妈妈对孩子的爱、理解、包容和牵挂。我们知道，孩子还没有受到很多思维概念的束缚，他们的感受很灵敏，直觉很敏锐。想象一下，一个爸爸一边抱着孩子喂奶一边看剧，跟一个母亲满怀温柔与喜悦地看着孩子并给孩子喂奶，孩子不时冲妈妈甜甜一笑，妈妈也学着孩子的声音喃喃地和孩子说话，在这两种情形下，孩子的感觉是完全不一样的。在妈妈的怀抱里，孩子喝进去的是奶，但其心灵和全身感受到的是被爱包围、被喜欢、被接纳，孩子也可以感觉到自己能给别人带来喜悦，并愿意与对方共享这美丽的片刻。这种被爱包围、两个人共享同一空间和同一时刻的感觉，是更为深刻的抱持性环境，它会深深地沉淀在孩子的无意识中，给他的心打上美丽而温厚的底色。这个环境是他对这个世界的雏形的认识，是他心灵的安全港湾。

电影中该曲的作曲者安德拉什的解读

接下来，我们来看看电影的主人公、《忧郁的星期天》的创作者安德拉什为此曲的赋义。

应该说，安德拉什创作这首曲子，完全因某种缘由沉入体验后，通过谱曲的形式对这种体验进行描述，这不是一次自我意识推动下的主动创作，所以他一直在苦苦追寻曲子所要传达的信息。影片说的是，安德拉什出于对伊洛娜的爱（那时，二人互相爱慕，但恋情尚未明朗），在伊洛娜的生日那天献上此曲作为生日礼物。其实出于爱本身，是很难写出这样的曲子的。这也与此曲的实际创作情况不符。不过，即便是一部非常优秀的电影，我们也不能强求它在任何细节之处都符合真相，只能说出于电影情节的安排，出于爱且担心爱而不得而创作此曲是一个可以接受的选择。

在影片中，当看到、听到那么多人因听了自己的曲子而自杀后，安德拉什陷入了恐慌，并更加迫切地追寻曲子所要传达的信息。终于，他找到了，他为自己找到了：

忧郁的星期天，你的夜已不远

与黑影分享我的孤寂

闭上双眼，只见孤寂千百度

我无法成眠，然孤寂安然入眠

我见身影在袅袅青烟中闪动

告诉天使，别留我于此

我亦随你同行

忧郁的星期天

孤寂的星期天，我度过无数

今日我将行向漫漫长夜

烛光随即点燃，烛烟熏湿双眼

无须哭泣，吾友

因我终于感觉如释重负

最后一口气带我永还家园

返抵黑暗国度，心得安适

忧郁的星期天

这是一个孤独诗人的内心独白，但他的痛苦里有一种安宁、温和，以及温情。星期天是休息日，是安宁日，是人们放松、休息的日子。人们在喧嚣中往往无暇顾及自己的心灵，只有在安静下来时，人们才会往里看，看到里面鲜花盛开，抑或荒芜贫瘠。而我们的安德拉什，可怜又可爱的安德拉什，内心被黑暗笼罩，感到万分孤独。在短短的一首歌里，"孤寂"一词出现了四次，可见它是安德拉什内心永恒的主题。人最基本的渴望之一是与他人产生联结，与这个世界、与存在联结，其实真正存在的地方与现实的秩序、规范、等级没有直接的关系，如果没有存在本身的灌注，后者只是自我的假象。一旦失去联结，人就会生活在孤寂的空间中，失去了维持和滋养精神生活的养料，人就容易"枯萎"。

艺术家常有这样的特质，落寞加落拓，才华横溢，比一般人羞涩却又比一般人大胆、狂野，遇见与他们心灵相通的人时会很快地开放自己，但与一般人在一起时又会显得封闭、格格不入甚至有点古怪。他们的人格结构不如一般社会定义的那么完整，或者说，他们的社会化程度不如一般心理学定义的那么高，但也正因如此，他们的心灵才更容易捕捉存在中的信息，更倾向于感受内在的情感，而不会被湮没在世俗的喧嚣中。艺术家常常是孤独的，他们与外界的联系通道比较少，或者说，他们在这上面开放的通道比较少，能够真正进驻他们心里的人也比较少，一旦进驻，这些人就会在他们的心里生根发芽，一旦拔除，支撑他们心灵世界的支柱可能就会倒塌。

对安德拉什来说，伊洛娜就是支撑他心灵世界的支柱，是给他孤寂、灰暗的世界带来光和色彩的人间天使。一旦人间天使离开他，他的世界就会陷入黑暗中，于是他需要天上的天使来把他带离人世，使他黑暗的心灵在死亡的黑暗国度中找到归宿。对他来说，这是逃避失去人间天使的痛苦的方式，也是他为自己的生命选择的方向。他走在这条道上，反而看到了光亮，心得所适。所以他说，"最后一口气带我永还家园，返抵黑暗国度，心得安适"。他的心灵完成了在这世间的旅程，不再受尘世纷扰的影响，"如释重负"。

在影片中，安德拉什找到的这首曲子所传达的信息，成为他自己生命的预言。那一声枪响，让我愕然、惋惜，也让爱他的人陷入无尽的悲伤。生命本身无比珍贵。生命的强韧，在于我们能够去经历和体验生活中的挫折和心灵暗流的侵袭，即便心处困境，亦能坚守。在生命艰难之时，活着本身就是最大的意义，活着才有希望，才有"柳暗花明"时刻的到来。

莎拉·布莱曼演唱版本的歌词的解读

我们再来看一下莎拉·布莱曼（Sarah Brightman）演唱版本

的歌词的解读。

忧郁的星期天

我难以成眠

我活在无数的阴影中

白色的小花无法把你唤醒

黑色的灵车不知把你带向何处

天使没有把你送回的念头

如我想跟你离去，他们是否会感到愤怒

忧郁的星期天

忧郁的星期天

我在阴影中度过

我和我的心决定终结一切

鲜花和祷告将带来悲伤，我知道

不要哭泣

让他们知道我笑着离开

死亡不是虚梦

借此我把你爱抚

灵魂以最后一息为你祝福

忧郁的星期天

做梦，我原来只不过是在做梦

我醒来就会发现你正在我内心的深处酣眠，我心爱的人！

亲爱的，我希望我的梦不会萦绕着你

我的心正在对你说，我曾多么渴望你

忧郁的星期天

莎拉·布莱曼天籁般的歌声在悲恸、哀婉的乐曲中展开，短短的一首歌，诉说了整个哀悼的过程，真挚而深情。对于一般人，哀悼一般会经历这样的过程：先是感到悲伤、愤怒、不接受，却又无奈地不得不接受心爱之人死亡的现实；接着，心爱之人的死亡会伴随自我的一部分死亡，于是悲伤得想追随死者而去；到最后，面对现实，内化死者及二人之间的关系，让死者安然离去，也让自己心安，继续好好生活。

面对心爱之人的离世，我们会感觉心被掏空，越是深情，心就被掏得越空。我们在内心深处塑造的自己或一部分的自己，是在与这个人的互动、共同经历某事的过程中完成的，他的离开，既相当于我们所爱之人生命的消逝，也相当于我们自己内心一部分的死亡。一开始，我们会幻想他能留下来，不接受他已经离开的现实，但很快我们会发现"白色的小花无法把你唤醒"，而且，我们无法得知所爱之人将去向何方——"黑色的灵车不知把你带向何处"。是的，死亡是我们每个人的最终归宿，但不到那一刻，我们就对那里一无所知。如果我们爱一个人，知道他在那里安好，即便他不在身边相伴，这份心安的牵挂也是让人幸福的。但是，如果我们根本不知道他在哪里，而且我们与他永无再见的机会，这份丧失就会让人抓狂。在悲伤和愤怒之下，我们会想要随他而去，可是，我们的身边还有很多其他我们爱和爱我们的人，这样抛下他们，他们也会感到伤心和愤怒。但是，我们的心太痛了，痛到无法呼吸，我们觉得自己必须追随他而去，这样他才不会孤单，我们也才不会孤单——"我所爱的人啊，请理解我，这是我甘之如饴的选择，所以我笑着离开，我要继续陪伴和祝福我最爱的你"。这是我们在陷入痛苦的情感漩涡时的状态和选择，但很快理智和现实感会恢复，照见我们的愿望仅仅是处在痛苦中的愿望，这时我们会内化所爱之人及其与我们的经历、关系，在心中安置好他，也让他安心离去，不会因为自己的痛苦给亡灵带来困扰。但是，曾经的爱依然在心里，曾经的渴望也依然在心里，只是这一切已经过去了，或者我们的心不再被其占据。毕竟，生活还要继续，而且要好好继续。

三版歌词所展现的不同心理发育水平

从情感内容、内心的人物意象及关系等角度，我们可以看到这三版歌词所展现的不同心理发育水平。

在第一版歌词中，主导的情感是愤怒、怨恨及隐含的恐惧，如果听者感觉到这些情感扑面而来，就说明歌者无法容纳、消化、整理这些情感。在这个版本的歌曲中，没有一个特定的他人落在歌者的心里，人人都是坏蛋，整个世界都是血腥的杀戮场。也许，仇恨里有他杀人的欲望，因为他的心灵已经被杀戮。当一个心理幼小的婴儿毫无防备地将自己的心捧到所爱之人面前，却被狠狠摔在地上的时候，那颗心是会碎的，愤怒、恐惧由此产生，也是可以理解的。挚爱不可得，自己还被拒绝、被轻贱，这对一个把心完全依附于他人的人来说，等于在心理上将他置于死地。这是明显的偏执–分裂位的心理发育水平。但这心灵的深渊是我们来时的地方，当遭受重大的打击时，我们不时会回到原来的地方，这时我们需要很多精神养料，来慢慢修复那颗受伤甚至破碎的心，并帮助自己走出深渊。而爱是弥合一切的最终养料。

第二版歌词是安德拉什在与伊洛娜的关系没有大的风波，但受到整个大环境的死亡气息的影响时赋予乐曲的内容，其主导的情感是浓浓的孤独、悲伤和安宁，只不过这安宁在死亡里，而不是在心里。他在尘世里找不到安慰，尽管他依然有所牵挂，"无须哭泣，吾友"。在他的心里，这些朋友依然是好的客体，他也知道，他是被爱、被牵挂的，他的离开会让朋友感到悲伤，只不过这份爱无法驱散他心中的黑暗——"告诉天使，别留我于此，我亦随你同行"。在他的感觉里，他是个好人，是要进天堂的，而天使会引领他前行。根据梅兰妮·克莱因的理论，安德拉什的心理发育水平到了抑郁位，但是他选择了以自杀来结束自己的生命，在那种情境下，那是一种绝望和愤怒的表达，是对现实情境的无力感和对充满冲突的关系的偏执反应，因为偏执－分裂位和抑郁位不是固定不变的，而是一个连续谱。当时，战争笼罩着整个欧洲，连安德拉什的老板、朋友、情敌和心中的父亲拉斯洛也因为犹太人的出身生活在死亡的威胁中。普通人只能生活在恐惧、悲伤、愤怒、无奈、无助和无力之下。更要命的是，曾经给安德拉什带来快乐和荣誉的《忧郁的星期天》，在外界的报道中也成了"杀手"，甚至被纳粹拿来"歌功颂德"。创作了此曲的安德拉什感到深深的罪疚、不安甚至恐惧。在他的感觉里，他好像也成了刽子手。对安德拉什来说，在这样的心理危机下，明确区分现实和心理生活是有困难的，而与伊洛娜的关系风波则成了他走向死亡的最后推手。

莎拉·布莱曼的歌则显示了一个心理发育成熟的人在丧亲后的哀悼过程。影片以这首歌作为结尾，在伊洛娜手刃亲仇之后。歌词流露出了悲伤、愤怒、深情、爱与接纳，但没有恐惧，因为她有真正的自我、不依附于所爱之人，所以心爱之人的离去没有撼动她自我的存在感。歌者有很多爱，她的心始终是与他人联结在一起的，那里既有失去的爱人，也有身边的朋友。歌者还能在现实与幻想之间自由地切换，通过幻想来完成一场场心理历程，但又能如是地面对现实；而且，因为与所爱之人的关系中没有未了的情结，对所爱之人的过世没有内疚之情，她可以在心里给所爱之人和这份爱留一个位置，放下伤痛，让它成为过去。

✳

天空中没有翅膀的痕迹

但我已飞过